U0226108

博士文库

基于 POM 的浪流耦合模式的建立及其在大洋和近海的应用

夏长水　著

海洋出版社

2015 年 · 北京

内 容 简 介

本书基于POM模式建立了浪流耦合模式并将其应用到大洋和中国近海的数值模拟中。本书共分5章。第0章主要介绍与本论文研究内容相关的国内外发展现状等基本情况以及本文的工作简介。第1章是本文工作的理论基础，首先是海浪－海流耦合作用的理论推导，然后建立了一个基于POM的准全球大洋环流模式并分析了模拟结果，最后在该模式的基础上加入波浪对环流的三维波致雷诺应力和波浪运动对环流场的混合作用，建立了MASNUM浪－流耦合模式。第2章为MASNUM浪－流耦合模式在大洋中的应用。该章首先分析了海浪模拟的结果并与实测进行了比较，然后分析了耦合模式模拟得到的温度结果，重点为浪致混合对上混合层的影响。第3章为MASNUM浪－潮－流耦合模式的建立及在黄海中的应用。由于在近海潮混合比较重要，该章在MAS-NUM浪－流耦合模式的基础上在边界引入潮流边界，建立了MASNUM浪－潮－流耦合模式，并利用该模式对黄海夏季的三维环流结构进行了研究。第4章给出了全文的主要结论以及对后续工作的展望。本书适合物理海洋学专业研究人员和学生阅读参考。

图书在版编目（CIP）数据

基于POM的浪流耦合模式的建立及其在大洋和近海的应用/夏长水著.
—北京：海洋出版社，2015.10
ISBN 978 - 7 - 5027 - 9258 - 9

Ⅰ.①基… Ⅱ.①夏… Ⅲ.①海洋动力学－耦合模－数值模式－模拟系统－研究 Ⅳ.①P731.2

中国版本图书馆 CIP 数据核字（2015）第 239106 号

责任编辑：王 溪
责任印制：赵麟苏

海洋出版社 出版发行

http://www.oceanpress.com.cn
北京市海淀区大慧寺路8号 邮编：100081
北京朝阳印刷厂有限责任公司印刷 新华书店发行所经销
2015年10月第1版 2015年10月北京第1次印刷
开本：787mm × 1092mm 1/16 印张：6
字数：90千字 定价：32.00元
发行部62132549 邮购部68038093 总编室62114335
海洋版图书印、装错误可随时退换

作者简介

夏长水,1974年2月24日出生,男,汉族,山东枣庄人。1997年毕业于复旦大学应用力学系应用力学专业。1997年入国家海洋局第一海洋研究所攻读物理海洋学硕士,师从袁业立院士。2000年在国家海洋局第一海洋研究所参加工作,历任研究实习员、助理研究员和副研究员。2000年至2005年在中国海洋大学攻读物理海洋学在职博士。2010年1月至2010年7月赴马来西亚国立大学担任高级访问学者。现主要从事海洋动力学和海洋环流数值模式研究。参加工作以来共发表论文25篇,其中以第一作者或通讯作者发表7篇,被SCI、EI、CSSCI等检索系统收录的论文共22篇,出版学术专著2部。

目　次

0 前　言

0.1　简介

海洋中温度的垂直结构大体可以分为三层:上混合层、温跃层和深海弱垂直温度梯度层。这种温度地垂直分布特征是太阳辐射在海水中加热、海表面空气冷却和风浪混合作用的结果。海水通过吸收太阳的热通量在表层而被加热,海水的温度在近表层内随海水的深度而迅速降低。湍流扩散有助于海洋中热量的垂直输运,这种从暖到冷从上到下的热量输运在海洋中形成一个梯度较弱的垂直温度分布。因此仅考虑太阳辐射作用时,海洋将出现上暖下冷的稳定层化结构。海表面风场和空气冷却是破坏这种温度稳定层化结构而形成表面混合层的最重要的两个物理因素。对于海洋环流模式来说,无论对于大尺度全球气候模拟还是小尺度的近海模拟,准确地再现上层海洋的垂直混合过程和模拟上混合层是很重要的。

0.2　常见混合层模拟的方法及存在的问题

目前常见的混合层模拟方法可以归为两大类:第一类是根据湍流混合的物理特性直接地通过流体不稳定条件来判断,以 PWP 混合层模型(Price et al.,1986)为代表;另一类是通过求解湍流动能和混合尺度方程组来确定混合系数,以 Mellor – Yamada(M – Y)2.0 或 2.5 阶湍流混合模型(Mellor & Yamada,1982)为代表。

PWP(Price,Weller & Pickel)是运用于海洋中最简单的混合层模型(Price et al.,1986)。与通常的湍流混合扩散机制不同,PWP 模型是建立在湍流混合的物理特性基础上,并直接地通过流体不稳定条件来判断海水的混合。PWP 认为海水的混合主要由海水静力不稳定、混合层不稳定和流场切变不稳定引起。因此海洋中的温盐和动量混合可以简单地利用这三种不稳定的判据来模拟。在实际数值计算中,可将垂直方向上从海面到海底的水柱分为 n 层,每计算一步,均判断相邻两点处的密度和流场是否满足上述三种不稳定条件的任一种,如果条件成立,那么这两个相邻点的温度和盐度将用它们的平均值取代。在每一计算时间步,用这三种不稳定判据由海表至海底反复进行判别直至整个水柱中任一层内的海水达到稳定后再进入下一个时间步。

静力不稳定指的是层结不稳定,它发生在当较重的海水位于较轻的海水之上的情况。此项不稳定的判据为

$$\frac{\partial \rho}{\partial z} > 0$$

当这一条件满足时海水将出现垂直方向的对流以至混合。

混合层不稳定判据主要用于判断混合层是否继续加深。令 $\Delta \rho$ 和 Δu 分别为混合层内海水和混合层下面海水的密度差和速度差,h 为混合层深度,那么混合层不稳定判据定义为

$$R_{ib} = \frac{g \Delta \rho h}{\rho_0 (\Delta u)^2} < 0.65$$

这是一个"bulk"的 Richardson 数混合判据。当上式成立时,混合层将继续加深,即混合层底网格点和其下部相邻的点的海水温度和盐度由它们的平均值代替。

剪切不稳定判据定义为

$$R_{ig} = \frac{\hat{N}^2}{(\partial u / \partial z)^2} < 0.25$$

其中 $\hat{N}$ 为 Brunt Vaisala 频率,为了有别于"bulk"的 Richardson 数,R_{ig} 被称为梯度 Richardson 数。当水平流速的垂直切变远大于垂直层化,即上式满足时海水温度和盐度将发生局部混合。

PWP 混合层模型的优点在于简单、物理意义清楚,适用于各种物理混合过程。但由于此模型主要以局地混合的一维情形为特征,若用于模拟大陆斜坡和任何起伏的底边界层混合过程必须十分谨慎。

另一种混合层模型是 Mellor - Yamada 2.0 或 2.5 阶湍流混合模型,这个模型的主要出发点是通过求解湍流动能和混合尺度方程组从数学上来求出混合系数。根据对湍流动能和混合长度方程组中各项的取舍,M - Y 湍流闭

合模型可以分为多种阶数的模型,目前常用的有 M – Y 2.0 阶和 M – Y 2.5 阶模型。M – Y 2.0 阶模型的基本假定是:在边界层尺度近似下,切变所产生的湍流能量在垂直方向上要远远大于水平方向。在不考虑湍流能量的局地变化率、水平和垂直输运以及垂直水平和扩散的条件下湍流场中由浮力和流场切变所产生的湍流生产项和湍流耗散项处于一个准平衡状态,即

$$湍流生产项 = 湍流耗散项$$

其中切变湍流项 P_s 和浮力湍流项 P_b 的数学表达式为

$$P_s = K_M \left[\left(\frac{\partial u}{\partial z} \right)^2 + \left(\frac{\partial v}{\partial z} \right)^2 \right], \quad P_b = K_H \left(\frac{g}{\rho_0} \frac{\partial \rho}{\partial z} \right)$$

其中 K_M 和 K_H 为湍流混合和热扩散系数。湍流的能量耗散 ε 与湍流动能 q^2 成正比,与混合长度 l 成正比,即

$$\varepsilon = 0.06 q^2 / l$$

其中:$q^2 = (u'^2 + v'^2)/2$。在 M – Y 2.0 阶模式中,混合长度可近似地定义为

$$l = l_{max} \frac{\kappa z}{1 + \kappa z}$$

其中 κ 是 von Karmen 常数,l_{max} 为最大混合长度。将湍流平衡态方程与湍流混合长度方程联立,可计算出 ql 和 l,湍流动量和热量垂直混合系数等于

$$K_M = lq S_M, \quad K_H = lq S_H$$

其中 S_M 和 S_H 为稳定性参数,它们的数学表达式为

$$S_h = 0.537 - 1.978 R_f / (1 - R_f)$$
$$S_m = S_h \frac{0.52 - 1.404 R_f / (1 - R_f)}{0.688 - 2.068 R_f / (1 - R_f)}$$

其中 $R_f = 0.725 \left[R_i + 0.186 - (R_i^2 - 0.316 R_i + 0.0346)^{1/2} \right]$,$R_i$ 为 Richardson 数。M – Y 2.0 阶模型描述了典型的准平衡态湍流闭合 Richardson 混合过程,在这个模型中湍流混合扩散系数由局部湍流过程来确定。这个模型的优点是简单并有清楚的物理意义,但它最大的缺陷是忽略了湍流能量和混合长度随时间的变化率以及湍流能量的输运和扩散。

与 M – Y 2.0 阶模型不同,M – Y 2.5 阶模型考虑了湍流动能和混合长度的局地变化率、湍流能量的水平和垂直输运以及湍流动能的垂直扩散。

在边界层近似条件下，σ 坐标下控制湍流动能和湍流动能与混合长度乘积的方程组可简化为

$$\frac{\partial q^2 D}{\partial t} + \frac{\partial U q^2 D}{\partial x} + \frac{\partial V q^2 D}{\partial y} + \frac{\partial \omega q^2}{\partial \sigma} = \frac{\partial}{\partial \sigma}\left[\frac{K_q}{D}\frac{\partial q^2}{\partial \sigma}\right] +$$

$$\frac{2K_M}{D}\left[\left(\frac{\partial U}{\partial \sigma}\right)^2 + \left(\frac{\partial V}{\partial \sigma}\right)^2\right] + \frac{2g}{\rho_o}K_H\frac{\partial \tilde{\rho}}{\partial \sigma} - \frac{2Dq^3}{B_1 \ell} + F_q$$

$$\frac{\partial q^2 \ell D}{\partial t} + \frac{\partial U q^2 \ell D}{\partial x} + \frac{\partial V q^2 \ell D}{\partial y} + \frac{\partial \omega q^2 \ell}{\partial \sigma} = \frac{\partial}{\partial \sigma}\left[\frac{K_q}{D}\frac{\partial q^2 \ell}{\partial \sigma}\right] +$$

$$E_1 \ell \left(\frac{K_M}{D}\left[\left(\frac{\partial U}{\partial \sigma}\right)^2 + \left(\frac{\partial V}{\partial \sigma}\right)^2\right] + E_3\frac{g}{\rho_o}K_H\frac{\partial \tilde{\rho}}{\partial \sigma}\right)\tilde{W} - \frac{Dq^3}{B_1} + F_\ell$$

其中 K_q 为湍流动能的垂直扩散系数；F_q 和 F_l 为湍流动能和和混合长度方程中的水平扩散；$\tilde{W} = 1 + E_2(\ell/kL)$ 为墙近似函数，其中 $L^{-1} = (\eta - z)^{-1} + (H - z)^{-1}$；

湍流动量和热量垂直混合系数等于：

$$K_M = lqS_M, K_H = lqS_H$$

其中 S_M 和 S_H 为稳定性函数，它们的是 Richardson 数的函数，由以下的方程组确定：

$$S_H\left[1 - (3A_2 B_2 + 18A_1 A_2)G_H\right] = A_2\left[1 - 6A_1/B_1\right]$$

$$S_M\left[1 - 9A_1 A_2 G_H\right] - S_H\left[(18A_1 2 + 9A_1 A_2)G_H\right] = A_1\left[1 - 3C_1 - 6A_1/B_1\right]$$

其中

$$G_H = \frac{\ell^2}{q^2}\frac{g}{\rho_o}\left[\frac{\partial \rho}{\partial z} - \frac{1}{c_s^2}\frac{\partial p}{\partial z}\right]$$

为 Richardson 数。A_1，B_1，A_1，B_2，C_1 由实验室实验数据确定（Mellor & Yamada，1982），它们分别为 0.92、16.6、0.74、10.1、0.08。在不稳定层结条件（$\partial \rho/\partial z > 0$）下，$G_H$ 的上限为 0.028 8，此时稳定性函数接近无穷大；在稳定层结条件（$\partial \rho/\partial z < 0$）下，$G_H$ 的下限为 -0.28。c_s^2 为声速的平方。通过数值求解方程组可以计算出每一时间步处的 q 和 l 的值，然后由分别计算出 K_M 和 K_H。

M - Y 湍流混合模型已广泛应用于潮汐混合、风生表面混合层模拟以及底边界层研究，但是该模型在层化较强的流体（如夏季上层海洋）中对湍流混合系数计算效果不佳。模拟得到的夏季海洋表层温度（SST）偏高、上混合

层偏浅且温跃层强度偏低是采用 M－Y 湍流混合模型的海洋环流数值模式（如 POM）所碰到的普遍问题（Martin，1985；Kantha et al.，1994）。近年来，人们一直在力图解决这一问题。最初，人们认为混合层底部的内波引起的混合在 M－Y 湍流混合模型没有得到体现，Kantha 与 Clayson（1994）在 M－Y 模型中在季节温跃层的底部加入了与 Richardson 数相关的混合来代表内波的作用。Ezer（2000）改进了 Mellor－Yamada 耗散参数化方案并在 COADS 月平均的风应力的基础上加入欧洲中尺度天气预报中心（ECMWF）1993 年 6 小时间隔的风应力异常作为表面强迫，但改进不大。Ezer（2000）同时引入短波辐射穿透至更深水层，从而使模拟的混合层与实测更接近，但是由于短波辐射随水深的增加呈指数衰减，模拟得到的夏季混合层厚度仍然偏浅而且所得结果依赖一些经验参数，并没有从根本上解决问题。

最近人们的注意力集中在海浪对海洋混合的作用和浪流相互作用上，由于波浪运动在垂直方向上与环流脉动的尺度具有可比性，波浪造成的混合会对上层海洋环流结构产生重要影响。Craig 等（1994）和 Mellor（2003）采用不同的海表边界条件将海浪破碎引起的混合作用引入到环流模式中，对模拟的结果也有所改善，但是海浪破碎引起的混合作用仅仅集中在海表上几米水层。另外更复杂的问题是如何将浪流相互作用引入到实际的海流模式中。Mellor（2003）推导了一套浪流相互作用方程组，该理论引入了海浪作用引起的湍流混合，而原始的 M－Y 湍流混合模型仅包含海流剪切和浮力不稳定引起的湍流混合。该理论还没有应用到实际模式中。

0.3　本书的主要工作

早在 1979 年袁业立就指出，造成表层海水混合的主要因素有三种：①由非稳定层化造成的自由浮力对流；②流动的剪切不稳定性；③海浪的搅拌。在层化较强且流动较弱的上层海洋中，海浪的搅拌作用可以超过前两种的作用的总合。M－Y 湍流混合模型可以较好地描述和表达前两种机制造成的混合，但不包括海浪的搅拌造成的混合，这是采用 M－Y 湍流混合模型的海洋环流模式所模拟的夏季海洋上混合层偏浅的根本原因。在广大的中高纬度海区的夏半年里，由于表层被加热，上层海水处于稳定的层化状态之中，由非稳定层化造成的自由浮力对流很小。在 M－Y 湍流混合模型中，湍流混合长度在海表被设为0,因此流动的剪切不稳定性在海表引起的混合为0,Ezer(2000)的实验表明即使将接近实际的欧洲中尺度天气预报中心(EC-MWF)1993年6小时间隔的风应力异常引入到表面强迫,这样由流动的剪切不稳定性引起的混合就比较接近实际,但所得到的混合层厚度仍然不够,这说明仅包含前两中混合机制的湍流模型不能够准确模拟上混合层。海浪的搅拌在中高纬度海区的夏半年里是上混合层的形成过程中起重要作用。如何准确地描述海浪引起的垂直涡动扩散系数并应用到实际的三维海洋模式中是一项具有挑战性的工作。

袁业立1979提出了一种风浪型涡动混合的经验公式:

$$K_W = \frac{4Pk^2}{\pi g} \delta \beta^3 W^3 e^{\frac{gz}{\beta^2 W^2}}$$

K_W为由海浪引起的垂直涡动扩散系数,k为Karman常数,δ为特征波陡,β为波龄,W为海面风速,P为与Richardson数有关的无量纲系数,z为从海表面到某位置深度。袁业立(1979)和袁业立等(1993)利用此公式模拟黄海夏季垂向温度结构,取得较好的效果。

袁业立和乔方利等(1999)建立了波浪运动混合的理论框架,基于该理论并利用海浪数值模式,可以得到随时间变化的波浪对环流的三维波致雷诺应力和波浪运动对环流场的混合作用,本文将在此工作的基础上建立浪流耦合数值模式并应用到大洋和近岸环流的模拟中。

本书共分5章。第0章主要介绍与本论文研究内容相关的国内外发展现状等基本情况以及本文的工作简介。第1章是本文工作的理论基础,首先是海浪-海流耦合作用的理论推导,然后建立了一个基于POM的准全球大洋环流模式并分析了模拟结果,最后在该模式的基础上加入波浪对环流的三维波致雷诺应力和波浪运动对环流场的混合作用,建立了MASNUM浪-流耦合模式。第2章为MASNUM浪-流耦合模式在大洋中的应用。该章首先分析了海浪模拟的结果并与实测进行了比较,然后分析了耦合模式模拟得到的温度结果,重点为浪致混合对上混合层的影响。第3章为MASNUM浪-潮-流耦合模式的建立及在黄海中的应用。由于在近海潮混合比较重要,该章在MASNUM浪-流耦合模式的基础上在边界引入潮流边界,建立了MASNUM浪-潮-流耦合模式,并利用该模式对黄海夏季的三维环流结构进行了研究。第4章给出了全文的主要结论以及对后续工作的展望。

1 MASNUM 浪－流－耦合模式的建立

本章是本书工作的理论基础,首先是海浪—海流耦合作用的理论推导,然后建立了一个基于 POM 的准全球大洋环流模式并分析了模拟结果,最后在该模式的基础上加入波浪对环流的三维波致雷诺应力和波浪运动对环流场的混合作用建立了 MASNUM 浪－流－耦合模式。

1.1 海浪－海流耦合作用的理论推导

1.1.1 MASNUM 海流(海浪、湍流耦合)数值模式控制方程组

海洋流体运动一般是脉动的,在雷诺平均意义下我们可将速度、温度和盐度场分解为平均运动部分和扰动运动部分

$$u_{\text{原}i} = U_i + u_i, T_{\text{原}} = T + \theta, S_{\text{原}} = S + s \tag{1.1}$$

上式中 $i = 1,2,3$ 分别表示 x,y,z 方向的速度。这里有几个尺度和它们的取值范围是应当强调的,它们对理解模拟量的物理意义和设计数值模式的格式有重要意义。在用差分格式描述一个平均物理过程(如海洋环流)时,一般要求差分格距比平均过程尺度小两个量级以上,雷诺平均尺度应比差分格距小两个量级以上,而扰动运动尺度(即涡动质点尺度)又要比雷诺平均尺度小两个量级以上。所以平均运动的特征尺度一般要比扰动运动尺度小八个量级以上。以环流水平尺度为例,有如下几项:

①环流平均尺度:1 000 ~ 10 000 km;

②差分格距:10 ~ 100 km;

③雷诺平均尺度:0. 1 ~ 1 km;

④扰动运动尺度(涡动质点尺度):0. 001 ~ 10 m。

1)平均运动方程组

在 Boussinesq 近似下采用这样的雷诺平均步骤,海洋平均运动控制方程

组可写出为

$$\frac{\partial U_i}{\partial x_i} = 0 \tag{1.2}$$

$$\frac{\partial U_i}{\partial t} + U_j \frac{\partial U_i}{\partial x_j} - 2\varepsilon_{ijk} U_j \Omega_k = \frac{\partial}{\partial x_j}(-\langle u_i u_j \rangle) + \frac{\partial}{\partial x_j}(\nu E_{ij}) - \frac{1}{\rho_0}\frac{\partial P}{\partial x_i} - g_i \frac{\rho}{\rho_0} \tag{1.3}$$

$$\frac{\partial T}{\partial t} + U_j \frac{\partial T}{\partial x_j} = \frac{\partial}{\partial x_j}(-\langle u_j \theta \rangle) + \frac{\partial}{\partial x_j}\left(\kappa \frac{\partial T}{\partial x_j}\right) \tag{1.4}$$

$$\frac{\partial S}{\partial t} + U_j \frac{\partial S}{\partial x_j} = \frac{\partial}{\partial x_j}(-\langle u_j s \rangle) + \frac{\partial}{\partial x_j}\left(D \frac{\partial S}{\partial x_j}\right) \tag{1.5}$$

$$\rho = \rho(T, S, P) \tag{1.6}$$

其中

$$E_{ij} = \frac{\partial U_i}{\partial x_j} + \frac{\partial U_j}{\partial x_i} \tag{1.7}$$

ν、κ 和 D 分别为运动学分子黏性系数、温度传导系数和盐度扩散系数。

2）扰动运动方程组

原始运动方程减去平均运动方程则得扰动运动方程如下

$$\frac{\partial u_i}{\partial x_i} = 0 \tag{1.8}$$

$$\frac{\partial u_i}{\partial t} + U_l \frac{\partial u_i}{\partial x_l} + u_l \frac{\partial U_i}{\partial x_l} + u_l \frac{\partial u_i}{\partial x_l} = \frac{\partial \langle u_i u_l \rangle}{\partial x_l} + \frac{\partial}{\partial x_l}(\nu e_{il})$$

$$- \frac{1}{\rho_0}\frac{\partial p}{\partial x_i} + g_i \frac{\rho'}{\rho_0} + 2\varepsilon_{ilk}\Omega_k u_l \tag{1.9}$$

$$\frac{\partial \theta}{\partial t} + U_l \frac{\partial \theta}{\partial x_l} + u_l \frac{\partial \theta}{\partial x_l} + u_l \frac{\partial T}{\partial x_l} = \frac{\partial \langle u_l \theta \rangle}{\partial x_l} + \frac{\partial}{\partial x_l}\left(\kappa \frac{\partial \theta}{\partial x_l}\right) \tag{1.10}$$

$$\frac{\partial s}{\partial t} + U_l \frac{\partial s}{\partial x_l} + u_l \frac{\partial s}{\partial x_l} + u_l \frac{\partial S}{\partial x_l} = \frac{\partial \langle u_l s \rangle}{\partial x_l} + \frac{\partial}{\partial x_l}\left(D \frac{\partial s}{\partial x_l}\right) \tag{1.11}$$

其中

$$e_{il} = \frac{\partial u_i}{\partial x_l} + \frac{\partial u_l}{\partial x_i}, \quad \rho' = -\alpha\theta + \beta s \tag{1.12}$$

3）雷诺平均二阶矩的分解

方程(1.2)至方程(1.6)是关于未知数 $\{U_i, P, T, S, \rho\}$ 的方程组，为了使它封闭可解，必需对其中涡动项 $-\langle u_k u_j \rangle$、$-\langle u_k \theta \rangle$、$-\langle u_k s \rangle$ 作参数化处

理。在海洋运动的涡动以速度脉动为主导的前提下,扰动速度可以分解为海浪扰动和湍流扰动两部分

$$u_i = u_{Wi} + u_{Ci} \tag{1.13}$$

这时雷诺应力项可写成

$$-\langle u_i u_j \rangle = -\langle u_{Wi} u_{Wj} \rangle - \langle u_{Wi} u_{Cj} \rangle - \langle u_{Ci} u_{Wj} \rangle - \langle u_{Ci} u_{Cj} \rangle \tag{1.14}$$

其中

$$-\langle u_{Wi} u_{Wj} \rangle \tag{1.15}$$

是海浪对海流的动量转移项,

$$-\langle u_{Wi} u_{Cj} \rangle - \langle u_{Ci} u_{Wj} \rangle \tag{1.16}$$

是海浪对海流的动量搅拌项,

$$-\langle u_{Ci} u_{Cj} \rangle \tag{1.17}$$

是海流湍流涡动动量输运项。

雷诺温度传导项可写成

$$-\langle u_i \theta \rangle = -\langle u_{Wi} \theta \rangle - \langle u_{Ci} \theta \rangle \tag{1.18}$$

其中

$$-\langle u_{Wi} \theta \rangle \tag{1.19}$$

是海浪温度搅拌传导项,

$$-\langle u_{Ci} \theta \rangle \tag{1.20}$$

是湍流涡动温度传导项。

雷诺盐度扩散项可写成

$$-\langle u_i s \rangle = -\langle u_{Wi} s \rangle - \langle u_{Ci} s \rangle \tag{1.21}$$

其中

$$-\langle u_{Wi} s \rangle \tag{1.22}$$

是海浪盐度搅拌扩散项,

$$-\langle u_{Ci} s \rangle \tag{1.23}$$

是湍流涡动盐度扩散项。

1.1.2 海浪对海流的动量转移和海浪搅拌作用的参数化

1)海浪对海流的动量转移项

它指的是从海浪到海流的动量转移。海波的主要特征可以用以下线性

9

方程组来描述,

$$\Delta\phi = 0 , \qquad x_3 \leqslant 0 \qquad (1.24)$$

$$\{u_{W1}, u_{W2}, u_{W3}\} = \nabla\phi , \qquad x_3 \leqslant 0 \qquad (1.25)$$

$$\frac{\partial\zeta}{\partial t} = \frac{\partial\phi}{\partial x_3} , \qquad x_3 = 0 \qquad (1.26)$$

$$\frac{\partial\phi}{\partial t} + g\zeta = 0 , \qquad x_3 = 0 \qquad (1.27)$$

$$|\nabla\phi| \rightarrow 0 , \qquad x_3 \rightarrow \infty \qquad (1.28)$$

设海浪场是平稳均匀的,或局时局地平稳均匀的,由方程(1.24)至方程(1.28)海浪场的一个随机样本可写成

$$\zeta(\vec{x}_0, t_0; \vec{x}, t) = \iint_{\vec{k}} A(x_0, t_0; \vec{k}) \exp\{i(\vec{k} \cdot \vec{x} - \omega t)\} \mathrm{d}\vec{k} \qquad (1.29)$$

$$\phi(\vec{x}_0, z_0, t_0; \vec{x}, z, t) = \iint_{\vec{k}} \Phi(\vec{x}_0, z_0, t_0; \vec{k}) \exp\{kz\} \exp\{i(\vec{k} \cdot \vec{x} - \omega t)\} \mathrm{d}\vec{k}$$

$$(1.30)$$

由方程(1.26)和方程(1.27)可得

$$\omega = \sqrt{gk} \qquad (1.31)$$

$$-i\omega A(\vec{k}) = k\Phi(\vec{k}) \qquad (1.32)$$

因此:

$$\phi(\vec{x}, z, t) = \iint_{\vec{k}} -i\frac{\omega}{k} A(\vec{k}) \exp\{kz\} \exp\{i(\vec{k} \cdot \vec{x} - \omega t)\} \mathrm{d}\vec{k} \qquad (1.33)$$

这样由(1.25)海波速度场可写成

$$\{u_{1b}, u_{2b}, w_b\} = \nabla\phi = \left\{ \begin{array}{l} \iint_{\vec{k}} \omega \frac{k_x}{k} A(\vec{k}) \exp\{kz\} \exp\{i(\vec{k} \cdot \vec{x} - \omega t)\} \mathrm{d}\vec{k} \\ \iint_{\vec{k}} \omega \frac{k_y}{k} A(\vec{k}) \exp\{kz\} \exp\{i(\vec{k} \cdot \vec{x} - \omega t)\} \mathrm{d}\vec{k} \\ \iint_{\vec{k}} -i\omega A(\vec{k}) \exp\{kz\} \exp\{i(\vec{k} \cdot \vec{x} - \omega t)\} \mathrm{d}\vec{k} \end{array} \right\}$$

$$(1.34)$$

而实值的雷诺应力则可写成

$$\tau_{bb12} = -\langle u_{1b}u_{2b}\rangle$$

$$= -\operatorname{Re}\iint_{\vec{k}}\iint_{\vec{k}'}\omega\omega'\frac{k_1\,k'_2}{kk'}\langle A(\vec{k})A^*(\vec{k}')\rangle\exp\{(k+k')z\}\exp$$

$$\{i[(\vec{k}-\vec{k}')\cdot\vec{x}-(\omega-\omega')t]\}\mathrm{d}\vec{k}\mathrm{d}\vec{k}' \qquad (1.35)$$

由于海浪场是局时局地平稳均匀的,所以

$$\langle A(\vec{k})A^*(\vec{k}')\rangle = \delta(\vec{k}-\vec{k}')E(\vec{k}) \qquad (1.36)$$

因此

$$\tau_{bb12} = -\langle u_{1b}u_{2b}\rangle = -\iint_{\vec{k}}\omega^2\frac{k_1k_2}{k^2}E(\vec{k})\exp\{2kz\}\mathrm{d}\vec{k} \qquad (1.37)$$

这里海波波数谱 $E(\vec{k})$ 具有 $[L]^4$ 的量纲。

同样我们有

$$\tau_{bb11} = -\langle u_{1b}u_{1b}\rangle = -\iint_{\vec{k}}\omega^2\frac{k_1^2}{k^2}E(\vec{k})\exp\{2kz\}\mathrm{d}\vec{k} \qquad (1.38)$$

$$\tau_{bb22} = -\langle u_{2b}u_{2b}\rangle = -\iint_{\vec{k}}\omega^2\frac{k_2^2}{k^2}E(\vec{k})\exp\{2kz\}\mathrm{d}\vec{k} \qquad (1.39)$$

$$\tau_{bb33} = -\langle w_b w_b\rangle = -\iint_{\vec{k}}\omega^2 E(\vec{k})\exp\{2kz\}\mathrm{d}\vec{k} \qquad (1.40)$$

另外由于

$$\tau_{bb13} = -\langle u_{1b}w_b\rangle = -\operatorname{Re}\iint_{\vec{k}}i\omega^2\frac{k_1}{k}E(\vec{k})\exp\{2kz\}\mathrm{d}\vec{k} = 0 \qquad (1.41)$$

我们还有

$$\tau_{bb13} = -\langle u_{1b}w_b\rangle = 0$$
$$\tau_{bb31} = -\langle w_b u_{1b}\rangle = 0$$
$$\tau_{bb23} = -\langle u_{2b}w_b\rangle = 0$$
$$\tau_{bb32} = -\langle w_b u_{2b}\rangle = 0 \qquad (1.42)$$

2)海浪对海流的动量搅拌项: $\tau_{bcij} = -\langle u_{ib}u_{jc}\rangle - \langle u_{ic}u_{jb}\rangle$

海浪对海流动量输运的搅拌作用主要表现为波流雷诺应力项:

$$\tau_{bcij} = -\langle u_{ib}u_{jc}\rangle - \langle u_{ic}u_{jb}\rangle \qquad (1.43)$$

按 Prandtl 混合长度理论, τ_{bcij} 可写成

$$\tau_{bc11} = 2B_H \frac{\partial U_1}{\partial x_1}, \quad \tau_{bc33} = 2B_V \frac{\partial U_3}{\partial x_3}, \quad \tau_{bc33} = 2B_V \frac{\partial U_3}{\partial x_3} \quad (1.44)$$

$$\tau_{bc12} = \tau_{bc21} = B_H \left(\frac{\partial U_1}{\partial x_2} + \frac{\partial U_2}{\partial x_1} \right) \quad (1.45)$$

$$\tau_{bc13} = \tau_{bc31} = B_H \frac{\partial U_3}{\partial x_1} + B_V \frac{\partial U_1}{\partial x_3} \quad (1.46)$$

$$\tau_{bc23} = \tau_{bc32} = B_H \frac{\partial U_3}{\partial x_2} + B_V \frac{\partial U_2}{\partial x_3} \quad (1.47)$$

其中

$$B_H = \langle l_{1b} u'_{1b} \rangle = \langle l_{2b} u'_{2b} \rangle \quad (1.48)$$

$$B_V = \langle l_{3b} w'_b \rangle \quad (1.49)$$

在波动场中,波动混合长度 l_{ib} 比例于水质点在 i 方向上的移动范围,波动速度变化特征值 u'_{ib} 为 i 方向上 l_{ib} 间距上的波动平均速度增量,这样我们有:

$$u'_{1b} = l_{1b} \frac{\partial}{\partial x_1} \langle u_{1b} u_{1b} \rangle^{1/2} = l_{1b} \frac{\partial}{\partial x_1} \left(\iint_{\vec{k}} \omega^2 \frac{k_x^2}{k^2} E(\vec{k}) \exp\{2kz\} \, d\vec{k} \right)^{1/2}$$

$$(1.50)$$

由于波动场是均匀的或局部均匀的,波浪统计参量的水平导数近似为零,因此:

$$u'_{1b} \approx 0, \quad u'_{2b} \approx 0 \quad (1.51)$$

而 w'_b 则不同可以写成

$$w'_b = l_{3b} \frac{\partial}{\partial z} \left(\iint_{\vec{k}} \omega^2 E(\vec{k}) \exp\{2kz\} \, d\vec{k} \right)^{1/2} \quad (1.52)$$

这样我们有:

$$B_H = 0 \quad (1.53)$$

$$B_V = \langle l_{3b}^2 \rangle \frac{\partial}{\partial x_3} \langle u_{3b} u_{3b} \rangle^{1/2} = \langle l_{3b}^2 \rangle \frac{\partial}{\partial z} \left(\iint_{\vec{k}} \omega^2 E(\vec{k}) \exp\{2kz\} \, d\vec{k} \right)^{1/2}$$

$$(1.54)$$

由于混合长度 l_{3b} 比例于波动场水质点运动范围,所以有:

$$l_{3b} \sim \iint_{\vec{k}} A(\vec{k}) \exp\{kz\} \exp\{i(\vec{k} \cdot \vec{x} - \omega t)\} \, d\vec{k} \quad (1.55)$$

和

12

$$\langle l_{3b}^2 \rangle = \iint_{\vec{k}} E(\vec{k}) \exp\{2kz\} \, d\vec{k} \qquad (1.56)$$

所以

$$B_H = 0 \qquad (1.57)$$

$$B_V = \iint_{\vec{k}} E(\vec{k}) \exp\{2kz\} \, d\vec{k} \, \frac{\partial}{\partial z} \left(\iint_{\vec{k}} \omega^2 E(\vec{k}) \exp\{2kz\} \, d\vec{k} \right)^{1/2} \qquad (1.58)$$

这样我们有:

$$\tau_{bc11} \approx 0, \qquad \tau_{bc12} = \tau_{bc21} \approx 0, \qquad \tau_{bc22} \approx 0 \qquad (1.59)$$

$$\tau_{bc13} = \tau_{bc31} \cong B_V \frac{\partial U_1}{\partial z} \qquad (1.60)$$

$$\tau_{bc23} = \tau_{bc32} \cong B_V \frac{\partial U_2}{\partial z} \qquad (1.61)$$

$$\tau_{bc33} \cong 2B_V \frac{\partial U_3}{\partial z} \qquad (1.62)$$

3) 海浪对海流的温度和盐度搅拌项的参数化

海波对热量和盐量扩散的搅拌作用主要表现为 $-\langle u_{ib}\theta \rangle$, $-\langle u_{1b}\theta \rangle = B_H \frac{\partial T}{\partial x_1}$, $-\langle u_{2b}\theta \rangle = B_H \frac{\partial T}{\partial x_2}$, $-\langle u_{3b}\theta \rangle = B_V \frac{\partial T}{\partial x_3}$ 两项。同样基于 Prandtl 混合长度理论的思考,我们有:

$$-\langle u_{1b}\theta \rangle = B_H \frac{\partial T}{\partial x_1}, \qquad -\langle u_{2b}\theta \rangle = B_H \frac{\partial T}{\partial x_2}, \qquad -\langle u_{3b}\theta \rangle = B_V \frac{\partial T}{\partial x_3}$$

$$(1.63)$$

$$-\langle u_{1b}s \rangle = B_H \frac{\partial S}{\partial x_1}, \qquad -\langle u_{2b}s \rangle = B_H \frac{\partial S}{\partial x_2}, \qquad -\langle u_{3b}s \rangle = B_V \frac{\partial S}{\partial x_3}$$

$$(1.64)$$

在海浪局部水平均匀条件下我们同上节可导得有如下近似式:

$$B_H \approx 0 \qquad (1.65)$$

$$B_V \approx \langle l_{3b}^2 \rangle \frac{\partial}{\partial z} \langle u_{3b} u_{3b} \rangle^{1/2} = \langle l_{3b}^2 \rangle \frac{\partial}{\partial z} \left(\iint_{\vec{k}} \omega^2 E(\vec{k}) \exp\{2kz\} \, d\vec{k} \right)^{1/2}$$

$$= \iint_{\vec{k}} E(\vec{k}) \exp\{2kz\} \, d\vec{k} \, \frac{\partial}{\partial z} \left(\iint_{\vec{k}} \omega^2 E(\vec{k}) \exp\{2kz\} \, d\vec{k} \right)^{1/2} \qquad (1.66)$$

最后我们有:

$$-\langle u_{1b}\theta \rangle \cong -\langle u_{2b}\theta \rangle \cong 0, \quad -\langle u_{3b}\theta \rangle = B_V \frac{\partial T}{\partial x_3} \qquad (1.67)$$

$$-\langle u_{1b}s \rangle \cong -\langle u_{2b}s \rangle \cong 0, \quad -\langle u_{3b}s \rangle = B_V \frac{\partial S}{\partial x_3} \qquad (1.68)$$

1.2 基于 POM 的准全球大洋环流模式的建立和模拟结果分析

大洋环流的研究是物理海洋学中的核心问题之一,而数值模拟手段是目前应用最为广泛的方法。海洋环流的变化对人类活动影响很大,认识海洋环流的规律对航海、军事、渔业等人类活动具有重要意义。目前对大洋环流的研究方法主要有三种:一是利用仪器进行现场观测;二是基于简化模型进行动力学的理论研究;三是进行数值模拟。计算机技术的迅猛发展使得利用较高分辨率的原始方程三维海洋环流模式模拟全球的大洋环流成为可能。Fujio 等于 1992 年进行了全球大洋环流的模式诊断计算,模式的分辨率是 2°×2°,因此不能够很好地分辨一些边缘海。近期 Wei(2000)在 MOM 2 (Modular Ocean Model 2)的基础上建立了一个水平分辨率为 1°×1° 的全球大洋环流的诊断模式,全球大洋的主要环流在模拟结果中均得到体现,并进一步分析了一些代表性断面的体积、热量、盐量输运。POM 模式对近海环流有很强的模拟能力,而对大洋而言 Tal Ezer 和 George Mellor 于 1997 年首次将 POM 模式应用到整个大西洋,对大西洋的气候态环流进行了模拟,得到了和基于观测的估算值较为一致的结果。Guo(2003)将 POM 应用于太平洋海域;据笔者所知,尚无对全球大洋的 POM 模拟结果。本文在 POM 模式的基础上建立了一个水平分辨率为 0.5°×0.5° 的准全球模式,对全球大洋环流进行了模拟研究,并分析了一些有代表性断面的体积输运。

1.2.1 数值模式

本研究在 POM 模式的基础上建立了一个水平为 0.5°×0.5° 的准全球模式,POM 模式是目前物理海洋学研究领域应用最为广泛的数值模式之一。该模式最主要特征为:采用二阶湍封闭模型来计算垂向混合系数且在垂直方向采用 σ 坐标,另外在水平方向采用正交曲线坐标和"Arakawa C"交错差分网格。该模式主要是为了模拟近岸问题而设计的,但是近年来 POM 模式被成功地运用到大尺度的海洋环流数值模拟研究中,如 Kagimoto 和 Yamagata (1997)应用 POM 模拟整个太平洋的环流,Ezer 和 Mellor (1997) 应用 POM 模拟整个大西洋的环流,Xingyu Guo(2003)采用三重嵌套模式研究了不同水平分辨率和 JEBAR 对黑潮模拟的影响,其模拟的最大区域几乎包含整个太平洋。本研究的计算区域为全球75°S—65°N 之间的大洋,垂直方向上分成 16 层(表 1.1),在海洋上层采用较高的分辨率,而在海洋深层分辨率较低。模式的东西边界取连续性边界条件,南北边界取固壁边界条件。模式的地形由全球 5′×5′ 的 Etopo 5 地形插值得到,同时模式中的地形相对于原始地形做了以下调整。

①最小水深设为 10 m,由于本研究不注重深海,水深大于 3 000 m 的区域取为 3 000 m;

②按照 Mellor 的做法,平滑地形须满足以下条件:

$$\frac{|H_{i+1} - H_i|}{(H_{i+1} + H_i)} \leqslant \alpha \qquad (1.69)$$

式中 H_{i+1} 和 H_i 是相邻的两个网格点的水深,平滑因子 α 取 0.2。

表 1.1　模式的垂直 σ 分层

层数	σ 值	层数	σ 值
1	0.000 00	9	−0.300 00
2	−0.003 13	10	−0.400 00
3	−0.006 25	11	−0.500 00
4	−0.012 50	12	−0.600 00
5	−0.025 00	13	−0.700 00
6	−0.050 00	14	−0.800 00
7	−0.100 00	15	−0.900 00
8	−0.200 00	16	−1.000 00

模式初始温、盐场取自 Levitus 年平均温度和盐度,全场运动速度取 0。为了减小水平斜压梯度力的误差,在进行水平斜压梯度力计算前扣除了水平平均密度,水平平均密度取年平均的密度场。风场、热通量采用空间分辨率为 1°×1° 的 COADS 月平均统计结果(Arlindo de Silva,1994)。并在热通量中加入了简单大气反馈项进行修正(Haney,1971),

$$Q = Q_c + \left(\frac{\mathrm{d}Q}{\mathrm{d}T}\right)_c (T_c^o - T^o)$$

下角标 c 表示来自于 CODAS 资料。T^o 表示模式计算的海表温度。

参照方国洪的做法,模式数值积分 6 年,采用第 6 年各月的平均值研究全球环流的气候态特征。

1.2.2 模拟结果分析

1.2.2.1 流函数

流函数的定义为:$u = -\dfrac{\partial \Psi}{\partial y}, v = \dfrac{\partial \Psi}{\partial x}$;$u,v$ 为东向与北向的速度,计算时取北边界处流函数为 0。图 1.1 是由模拟所得的年平均的流函数图(流函数等值线间隔为 10 Sv,1 Sv $= 10^6 \ \mathrm{m^3/s}$),其分布与 Fujio(1992)和 Wei (2000)的结果较为接近。其主要特征是:在北半球,中低纬度区流函数为正值,且流函数的极大值在等值线的中心,对应顺时针方向的环流。高纬度地区流函数为负值,且流函数的极小值在等值线的中心,表明存在一个逆时针方向的平均环流。南半球 40°—60°S 之间为南极绕极流,流函数等值线自西向东几乎平行,而且等值线非常密集。除了南极绕流区域外,流函数为负值且流函数的极小值在等值线的中心,是逆时针方向的环流结构。

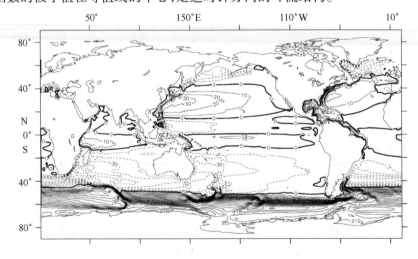

图 1.1　模拟得到的年平均的流函数图

等值线间隔为 10 Sv,粗线为 0,实线为正值,虚线为负值

16

从流函数等值线的疏密来看,各大洋西边界处等值线特别密集(等值线间隔均为 10 Sv),如黑潮和湾流区域的西向强化特征明显。与 Fujio(1992) 和 Wei (2000)的结果相比,由于水平分辨率的提高,黑潮和湾流等强流的流幅变窄,这与观测更为接近。本文模拟的东海黑潮 P - N 断面年平均流量为 23 Sv,与实测接近,但由于模式水平分辨率仅为 0.5° × 0.5°,模拟的黑潮流速偏小,流幅仍然稍偏宽。本文模拟的湾流的流量为 40 ~ 50 Sv,与 Fujio (1992)和 Wei (2000)的结果相较为一致。

1.2.2.2　海面高度

图 1.2a 为由模拟所得的年平均的海面高度图(等值线间隔为 0.1 m), 与英国 Southampton Oceanography Centre 的 OCCAM 全球模式的海面高度的数值模拟结果(图 1.2b,利用从 OCAAM 网站 http://www. soc. soton. ac. uk/ JRD/OCCAM/welcome. html 下载的数据绘制)非常接近。其主要特征是,在南半球 40°—70°S 之间的南极绕流区域,海面高度为负值,且南低北高。在北半球 40°—60°N 海面高度为负值,而且海面高度极小值在等值线的中心, 与该海域逆时针方向的环流相对应。除了上述区域外其他海面高度为正值,在太平洋中海面高度的分布呈一个顺时针旋转 90°形的"W"状,在赤道的两侧分布着两个中心量值大的区域,相对于赤道近似对称,分别和北半球

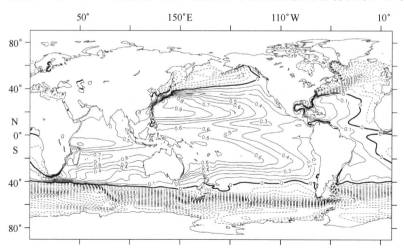

图 1.2a　模拟所得的年平均的海面高度图

等值线间隔为 0.1 m,粗线为 0,实线为正值,虚线为负值

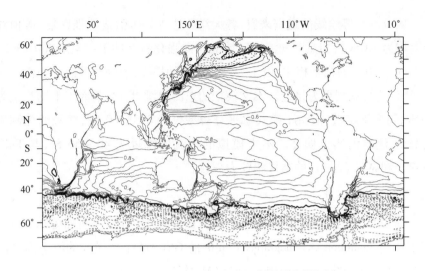

图 1.2b　OCCAM 全球模式的海面高度数值模拟结果

等值线间隔为 0.1 m,粗线为 0,实线为正值,虚线为负值

中低纬度的顺时针方向环流和南半球中低纬度的逆时针方向环流相对应;在大西洋中海面高度的分布也有类似的特征。从海面高度等值线的疏密来看,各大洋西边界处等值线特别密,反映了大洋环流的西向强化特征。OCCAM全球模式的水平分辨率为 $0.25° \times 0.25°$,因此,在一些强流区如黑潮区,OCCAM 所模拟的海面高度的梯度比本文的结果更大,等值线更加密集。

1.2.2.3　上层水平流场

1)太平洋

图 1.3 为模拟得到的年平均的 20 m 深度的北太平洋水平流场矢量图,模拟的结果与目前的认识基本一致,分析如下。

(1)北半球环流

在太平洋高纬度地区(40°—60°N)为一个逆时针环流,由亲潮、北太平洋海流和阿拉斯加海流组成。在太平洋中低纬度地区(10°—40°N)存在一个显著的顺时针的横贯太平洋的环流,由北赤道流、黑潮、黑潮延伸体、北太平洋海流和加利福尼亚海流组成。在 10°—20°N 之间为从东到西的北赤道流,北赤道流到达西岸后分为两支,南支的一部分汇入北赤道逆流,另一部分进入印度尼西亚海然后流入印度洋,构成太平洋 - 印度洋贯通流的主体。由于本文所采用的分辨率不够高,在此对贯通流不作进一步的分析。

18

北支沿西海岸向北,形成黑潮。黑潮向北经过吕宋海峡时有一小部分进入我国南海。其余大部分从台湾岛东部侵入我国东海,然后基本沿等深线东北向运动;在琉球群岛北部分为两支,一小部分经过对马海峡进入日本海,其余大部分沿顺时针转向从吐噶喇海峡出东海再沿日本岛南岸向东北方向北上,在38°N附近遇到南下的亲潮后北上趋势受阻共同汇入东向的北太平洋海流,流速逐渐变弱,一直流向太平洋东岸,在加利福尼亚附近受东边界的阻挡转向南流后再汇入北赤道流向西流动,构成一个大的顺时针流环。

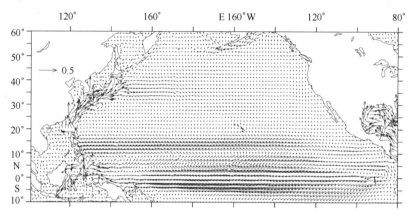

图1.3 模拟得到的年平均的20 m深度的北太平洋水平流场矢量图

流速单位:m/s

(2)赤道流系

图1.4a为155°W断面的纬向流分布图,结合图1.3可以看出,在0~100 m层在5°S—5°N之间为较强的赤道流,最大流速可达0.7~0.8 m/s,在5°—10°N之间为北赤道逆流,在10°—20°N之间为北赤道流。赤道流和赤道逆流形成一个顺时针的环流,赤道逆流和北赤道流形成一个逆时针环流。在100 m以下,5°S—5°N之间存在东向的赤道潜流。图1.4a与Wyrtki和Koblinsky(1984)由温、盐实测资料得到的地转流(图1.4b)相比,赤道流、赤道逆流、北赤道流和赤道潜流的垂向和沿纬向的分布基本一致,由于模式的分辨率较低,所模拟的赤道潜流的流幅仍偏大,流速偏小。

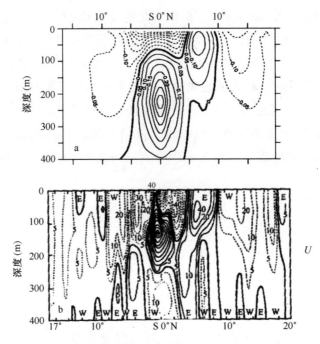

图1.4 155°W 断面的纬向流分布（a）模拟(单位:m/s)和
由温、盐实测资料得到的地转流(b)(单位:cm/s)

(3)南太平洋环流

图1.5为模拟得到的年平均的20 m层南太平洋水平流场矢量图,在南半球,有一个逆时针方向的环流,是由北部的南赤道流、澳大利亚东岸的东澳大利亚海流、南边的南极绕极流和东海岸的秘鲁海流组成。

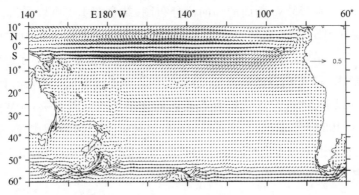

图1.5 模拟得到的年平均的20 m深度的南太平洋水平流场矢量图

流速单位:m/s,以下同

2）印度洋

图1.6、图1.7分别为模拟得到的印度洋冬季和夏季的水平流场矢量图,印度洋的地形与太平洋、大西洋不同,它面积较小,而且上层海流受印度季风影响明显。夏季在印度洋的北部(10°—20°N)存在顺时针的环流,而冬季受印度季风的影响在印度洋的北部为一个逆时针的环流,顺时针环流仅在孟加拉湾存在。印度洋的南部终年存在一支逆时针方向的环流。

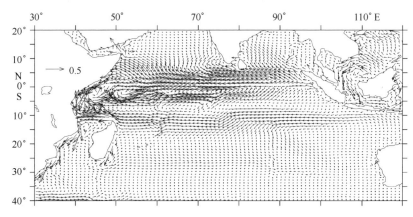

图1.6 模拟得到的印度洋冬季的20 m水平流场矢量图

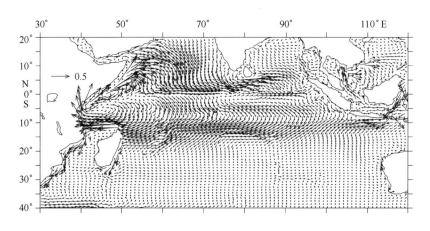

图1.7 模拟得到的印度洋夏季的水平流场矢量图

3）大西洋

图1.8、图1.9分别为模拟得到的年平均的20 m层北大西洋、南大西洋

水平流场矢量图,从图中可以看出,大西洋上层环流的模拟结果与人们的传统认识基本一致:在南副热带海区为一个逆时针环流,由北部的南赤道流、西部的巴西海流、南部的南极绕流和东部的本格拉环流组成。在北副热带海区为一个顺时针环流,由北赤道流、湾流、北大西洋海流、和东岸的加那利海流组成。在赤道海区同太平洋类似,也存在南北赤道流以及赤道逆流。

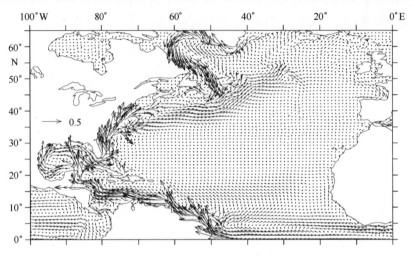

图1.8 模拟得到的20 m层北大西洋年平均水平流场矢量图

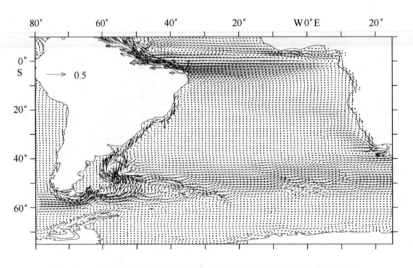

图1.9 模拟得到的20 m层南大西洋年平均水平流场矢量图

4）南极绕流

南极绕极流是全球洋流中唯一一支经向无边界的环流,长达15 000 km,强大而深厚,流幅宽达2 500 km,由南大洋强大的西风驱动,自西向东,可从海表深达海底,厚度有数千米。南极绕极流占据了南大洋的大部分海区,是世界大洋中最强盛的海流。本文模拟的南极绕极流在德雷克海峡处的流量为195～200 Sv,与英国Southampton Oceanography Centre的高精度南大洋模式(FRAM,网址:http://www.mth.uea.ac.uk/ocean/fram.html)的结果相当吻合。

1.2.3 小节

本节采用水平分辨率为0.5° ×0.5°的POM海流数值模式模拟了气候态全球的大洋环流,模拟结果与实际观测和文献结果较为一致,全球大洋中的主要环流均得到较好的体现,由于水平分辨率的关系,模拟的一些强流区如黑潮和湾流的流速偏小,流幅偏宽;但流量基本合理。结果表明POM模式对全球大洋环流有较好的模拟能力,本文结果可为更高分辨率的区域海洋环流模式提供较为准确的开边界条件,同时为建立浪 – 流 – 耦合模式打下了基础。

1.3 MASNUM 浪 – 流耦合模式的建立

MASNUM浪 – 流耦合模式采用MASNUM(前身为LAGFD – WAM)海浪波数谱数值模式(袁业立等,1992a,b)和POM环流模式进行耦合。首先利用MASNUM(前身为LAGFD – WAM)海浪波数谱数值模式来计算波浪的方向谱,该模式的可靠性已由多次观测所证实(Yu et al. ,1997),且已被应用到海洋工程项目中(Qiao et al. ,1999)。得到波浪的方向谱后利用公式

$$B_V = \iint\limits_{\vec{k}} E(\vec{k}) \exp\{2kz\} \, \mathrm{d}\vec{k} \, \frac{\partial}{\partial z} \Big(\iint\limits_{\vec{k}} \omega^2 E(\vec{k}) \exp\{2kz\} \, \mathrm{d}\vec{k} \Big)^{1/2}$$

来计算浪流混合B_V,再叠加到POM的动量控制方程中的由M – Y湍流模型计算出垂向涡黏系数K_{MC}和温度、盐度控制方程中的垂向扩散系数K_{HC}中,得到总的垂向混合系数K_M和K_H,即

$$K_M = K_{MC} + B_V, \ K_H = K_{HC} + B_V$$

这样海浪搅拌作用就加入到环流模式中了。

另一方面利用以下公式计算海浪对海流的动量转移：

$$\tau_{bb12} = - \langle u_{1b} u_{2b} \rangle = - \iint\limits_{\vec{k}} \omega^2 \frac{k_1 k_2}{k^2} E(\vec{k}) \exp\{2kz\} \, d\vec{k} \qquad (1.70)$$

$$\tau_{bb11} = - \langle u_{1b} u_{1b} \rangle = - \iint\limits_{\vec{k}} \omega^2 \frac{k_1^2}{k^2} E(\vec{k}) \exp\{2kz\} \, d\vec{k} \qquad (1.71)$$

$$\tau_{bb22} = - \langle u_{2b} u_{2b} \rangle = - \iint\limits_{\vec{k}} \omega^2 \frac{k_2^2}{k^2} E(\vec{k}) \exp\{2kz\} \, d\vec{k} \qquad (1.72)$$

将上述三项加入到 POM 的动量方程中即建立了浪 – 流耦合模式。

2 MASNUM 浪－流耦合模式在 大洋中的应用

本章为 MASNUM 浪－流耦合模式在大洋中的应用。本章首先分析了海浪模拟的结果并与实测进行了比较,然后分析了浪致混合 B_V 在全球的分布特征,最后分析耦合模式模拟得到的温度结果,重点为浪致混合对夏季上混合层的影响。

2.1 模式介绍

本章将利用上一章建立的 MASNUM 浪－流耦合模式将其应用到准全球大洋。模式水平分辨率为 0.5°×0.5°,模拟区域为(75°S—65°N, 0°—360°)。海浪的驱动风场采用水平分辨率为 1.25°×1°,时间间隔为 6 h 的 2001 年的 NECP(National Centers for Environmental Prediction)再分析数据,并将其插值到网格点上。模拟得到波浪的方向谱后利用公式计算计算浪混合 B_V 和海浪对海流的动量转移项。环流部分的设置同第二章的准全球大洋环流模式,只是加入了浪混合 B_V 和海浪对海流的动量转移项,我们称此模式的结果为浪流耦合模式的结果。为了检验浪致混合对上层海洋温度结构的作用,我们同时采用第二章建立的准全球大洋环流模式,不加浪混合 B_V 进行了对照实验,我们称此实验的结果为原始 POM 的结果。浪流耦合模式的环流部分和对照实验模式设置、初始条件、强迫场均相同。积分时间均为 6 年,取第 6 年的月平均的结果进行对比分析。

2.2 海浪模拟结果检验

图 2.1a 与图 2.1b 分别为 1 月份有效波高的 Topex/Poseidon 高度计观测值与数值模拟值全球分布,图 2.2a 与图 2.2b 为两者 7 月份的比

较,可以看出 Topex/Poseidon 高度计观测到的有效波高与模拟结果符合较好。图2.3a与图2.3b分别为1月、7月全球2°×2°网格点上有效波高 Topex/Poseidon 高度计观测值与模拟值的对比,其中纵坐标为 Topex/Poseidon 高度计观测值,横坐标为模拟值,可以看出数据点基本分布在对角线上。

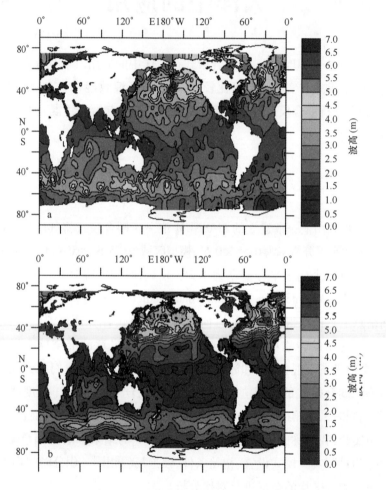

图2.1　1月月平均有效波高 Topex/Poseidon 卫星高度计数据与
模拟数据对比(单位:m)

a. Topex/Poseidon 卫星高度计数据;b. 模拟数据

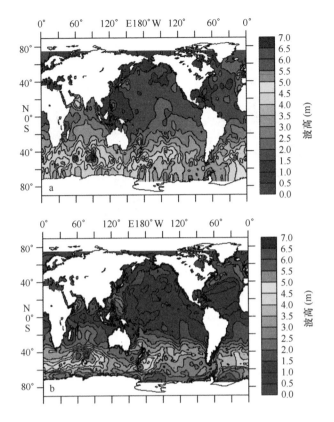

图 2.2　7 月月平均有效波高 Topex/Poseidon 卫星高度计
数据与模拟数据对比(单位:m)

a. Topex/Poseidon 卫星高度计数据;b. 模拟数据

2.3　浪致混合 B_V 在全球的分布特征

图 2.4 和图 2.5 分别给出了全球大洋上 20 m 的浪致混合 B_V 在夏季(7
月)和冬季(1 月)的分布。从图可以看出,在夏季受南大洋西风带的影响,
B_V 在南大洋较大,最大值在印度洋南部达到 700 cm^2/s,在冬季,除南大洋
外,B_V 在太平洋的北部和大西洋的北部也较大,在北大西洋达到 1 000 cm^2/s。
其分布特征与模拟的有效波高的分布特征是一致的。

关于大洋混合的研究表明,2~4 cm^2/s 对于垂向混合是一个阈值,当垂
向混合达到 2~4 cm^2/s 时会对垂向水体的输运产生影响。(Ledwell et al. ,

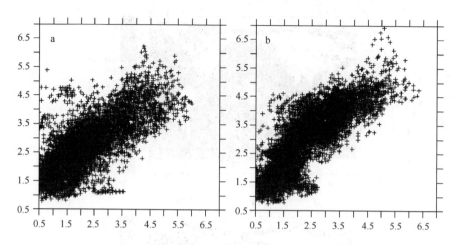

图 2.3 全球 2°×2° 网格点上月平均有效波高 Topex/Poseidon 卫星高度
计数据与模拟数据对比(单位:m)

纵坐标为 Topex/Poseidon 卫星高度计观测值,横坐标为模拟值

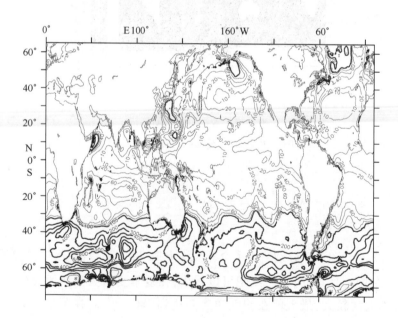

图 2.4 夏季(7月)全球大洋上 20 m 的浪致混合 B_V 的分布(单位:cm^2/s)

细线 0~100 cm^2/s,间隔为 20 cm^2/s;粗线 200 cm^2/s 以上,间隔为 100 cm^2/s

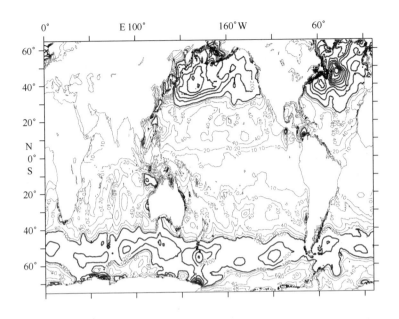

图 2.5　冬季(1 月)全球大洋上 20 m 的浪致混合 B_V 的分布(单位:cm^2/s)

细线 0～100 cm^2/s,间隔为 20 cm^2/s;粗线 200 cm^2/s 以上,间隔为 100 cm^2/s

2000;Polzin et al.,1997),因此我们定义了一个浪致混合穿透深度 D_5,即在此深度浪致混合减小到 5 cm^2/s。D_5 的物理意义是浪致混合的特征深度。图 2.6 和图 2.7 给出了 D_5 在全球大洋的分布。从图中可以看出在夏季浪致混合穿透深度在南大洋较深($D_5 > 50$ m),最大可达 90 m, 在其他海区,D_5 为 10～30 m。冬季,浪致混合穿透深度较大的区域有 40°S 以南的南大洋,30°N 以北的太平洋和 15°N 以北的大西洋。在北太平洋和南大洋最大有 90 m,在北大西洋 D_5 最大为 120 m,为了给出浪致混合的纬向分布特征,图 2.8 给出了夏季有效波高和相应的 B_V 在太平洋中沿国际日期变更线(180° E)的分布,从图可以看出 B_V 关于赤道是不对称的,大值(> 300 cm^2/s)分布在 40°—70°S,D_5 可以达到 60 m, 在其他纬度,D_5 在 10～30 m 之间。图 2.9 给出了出了冬季有效波高和相应的 B_V 在太平洋中沿国际日期变更线(180° E)的分布,相对于夏季,B_V 关于赤道分布较为对称,在南北半球各有一个高值区,在南北半球位于 50°—70°S 之间,D_5 可以达到 80 m,在北半球位于 40°—65°N 之间,D_5 可以达到 100 m。

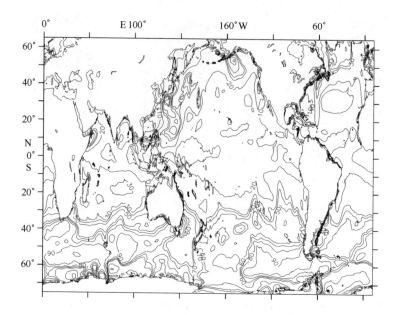

图 2.6 夏季(7 月)D_5 在全球大洋的分布(单位:m;等值线间隔:10 m)

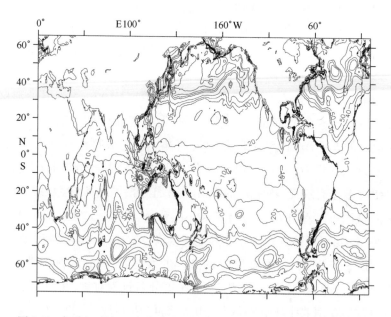

图 2.7 冬季(1 月)D_5 在全球大洋的分布(单位:m;等值线间隔:10 m)

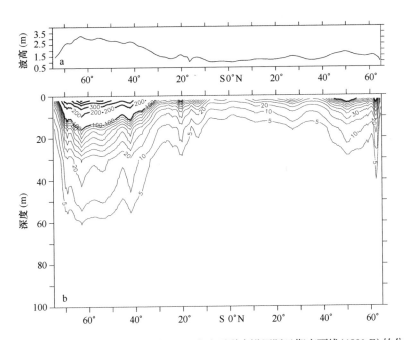

图2.8 夏季(7月)有效波高和相应的 B_V 在太平洋中沿国际日期变更线(180° E)的分布

a. 有效波高,单位:m   b. B_V,单位: cm²/s

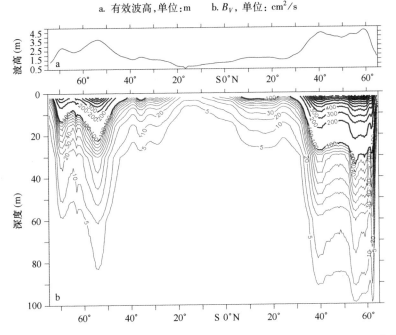

图2.9 冬季(1月)有效波高和相应的 B_V 在太平洋中沿国际日期变更线(180° E)的分布

a. 有效波高,单位:m   b. B_V,单位: cm²/s

2.4 浪致混合对夏季上温度结构的影响分析

由于采用 M－Y 湍流模型的环流模式模拟海洋表层温度偏高、上混合层偏浅主要出现在夏季,因此我们将重点比较浪流耦合模式和原始 POM 两个模式模拟的夏季(北半球 8 月,南半球 2 月)结果。

2.4.1 夏季海洋上层平均浪致混合系数 B_V 和垂向湍流混合系数 K_H 的比较

首先我们比较了夏季海洋上 20 m 平均的浪致混合系数 B_V 和由原始 POM 中 M－Y 模型得到垂向湍流混合系数 K_H。图 2.10a 和图 2.10b 分别给出了给出了北半球 8 月 B_V 和 K_H 的分布,图 2.11a 和图 2.11b 分别给出了给出了南半球 2 月 B_V 和 K_H 的分布。在北半球的夏季,30°N 以北的区域 B_V 比 0°—30°N 之间的 B_V 要大,在太平洋,两个大值分别出现在(30°N, 140°E)和(40°N, 160°E),极大值均超过 100 cm²/s;在大西洋,极大值分别出现在(60°N, 30°W),极大值达到 140 cm²/s。由 M－Y 模型得到垂向混合系数 K_H(图 2.10b)在北纬 25°N 以北的区域的大部分区域小于 5 cm²/s,其原因是该海区在 8 月的温度垂向层化很稳定,采用 M－Y 模型的模式仅考虑环流速度的脉动分量所导致的湍流混合很小。因此,在北纬 25°N 以北的区域在夏季海洋上 20 m 浪致混合比环流速度的脉动分量导致的湍流混合要大得多。在北半球的热带地区,由于上混合层较厚,上 20 m 的温度层化不明显,因此由 M－Y 湍流模型得到混合系数 K_H 在大部分热带海区大于 20 cm²/s。该海区的浪致混合系数在 10 cm²/s 左右,因此,由 M－Y 湍流模型得到混合系数 K_H 比该海区的浪致混合系数(10 cm²/s 左右)要大,但是由于 M－Y 模型中,湍流混合长度在海表为 0 (Ezer,2000),因此 K_H 在海表为 0,相反,B_V 在海表达到最大值,在将海表的热量向下输运的过程中 B_V 将起到一个扳机的作用。因此 B_V 对热带上层海洋也由相当的作用。

在南半球的夏季(2 月),总的说来上 20 m 平均的 B_V(图 2.11a)在热带海区(0°—25°S)较小(小于 20 cm²/s),在中纬度地区约为 20 cm²/s,在南大洋受强劲的西风带影响,B_V 较大,最大值可达 400 cm²/s。由 POM 的 M－Y

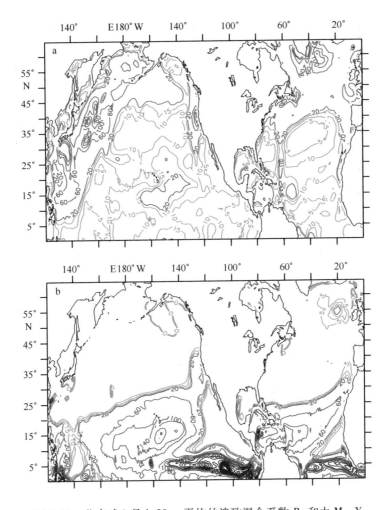

图 2.10　北半球 8 月上 20 m 平均的浪致混合系数 B_V 和由 M – Y
模型得到垂向湍流混合系数 K_H 的分布

a 为 B_V;b 为 K_H;绿线 0 ~ 15 cm²/s,间隔为 5 cm²/s,红线 20 ~ 200 cm²/s,

间隔为 40 cm²/s;蓝线 200 m²/s 以上,间隔为 100 cm²/s;

湍流模型得到混合系数 K_H 在热带海区比 B_V 要大,在 25°—45°N 之间中纬
度海区,由于夏季存在较强的温度层化加之海表风场较弱,K_H 一般小于 5,
而对应的 B_V 为 20 cm²/s,是 K_H 的 4 倍以上。在 45°N 以南的海区,B_V 和 K_H
均比中纬度增大,但 B_V 仍比 K_H 要大。

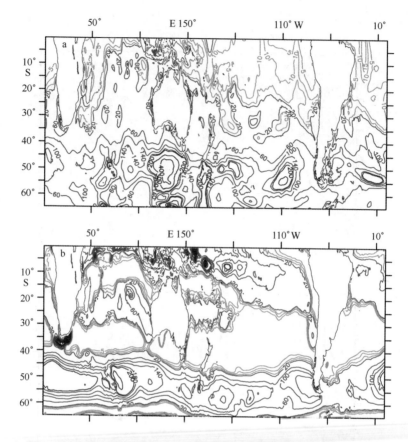

图 2.11　南半球 2 月上 20 m 平均的浪致混合系数 B_V 和由 M – Y 模型
得到垂向湍流混合系数 K_H 的分布　图 a 为 B_V；图 b 为 K_H

绿线 0 ~ 15 cm²/s，间隔为 5 cm²/s；红线 20 ~ 200 cm²/s，间隔为 40 cm²/s；

蓝线 200 m²/s 以上，间隔为 100 cm²/s；

　　为了更直观的比较夏季 B_V 和 K_H，图 2.12a 和图 2.12b 分别给出了北半球 8 月和南半球 2 月沿纬向平均、上 20 m 平均的 B_V 和 K_H 的比较。从图 2.12a 可以看出，在北半球夏季的中高纬度，浪致混合 B_V 远远大于 K_H，在热带海区 K_H 大于 B_V。从图 2.12b 可以看出类似的特征：尽管在热带海区 K_H 大于 B_V，但在中高纬度，浪致混合 B_V 要大于 K_H。这说明在夏季的中高纬度海区，在上 20 m 浪致混合比环流速度的脉动分量导致的混合更加重要。在热带海区，浪致混合比环流速度的脉动分量导致的混合要小，但其作用也不可忽视。

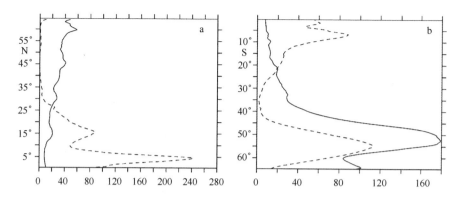

图 2.12　夏季沿纬向平均、上 20 m 平均的 B_V(实线)和

K_H(虚线)的比较(单位:cm^2/s)

a. 北半球 8 月　　b. 南半球 2 月

　　为了比较海盆尺度的浪致混合 B_V 和湍流混合 K_H 的垂向分布特征,图 2.13a 和图 2.13b 分别给出了北半球夏季(8 月)沿 35°N 断面上 50 m 浪致混合和湍流混合的垂向分布,图 2.14a 和图 2.14b 分别给出了南半球夏季(2 月)沿 35°S 断面的浪致混合和湍流混合的垂向分布。由图 2.13a、图 2.14a 可以看出,B_V 在海表值最大,随深度增加而减小。浪致混合穿透深度 D_5(即在此深度浪致混合减小到 5 cm^2/s)在 35°N 断面在 15 ~ 30 m 之间,在 145°E 附近可达 50 m。浪致混合穿透深度 D_5 在 35°S 断面均在在 15 ~ 30 m 之间,最大可达 50 m。由图 2.13b、图 2.13d 可以看出,M – Y 模型得到的湍流混合在海表为 0,由于两个断面存在较强的层化,湍流混合在断面的大部分区域很小,只是在太平洋和大西洋的近岸地区存在较强的混合。在这两个断面的绝大部分海区浪致混合比湍流混合要大得多。

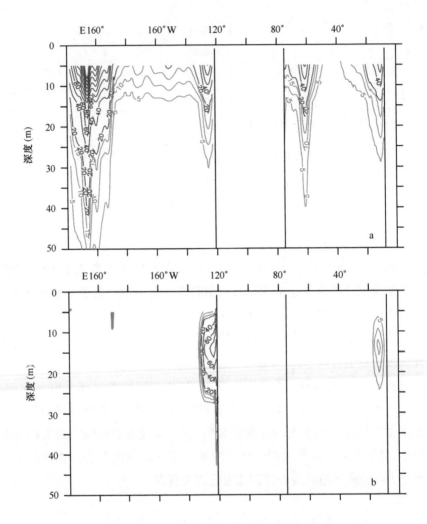

图 2.13　北半球 8 月沿 35°N 断面上 50 m 浪致混合系数 B_V 和由 M − Y

模型得到垂向湍流混合系数 K_H 的垂向分布　图 a 为 B_V；图 b 为 K_H

绿线 0 ~ 15 cm²/s, 间隔为 5 cm²/s；红线 20 cm²/s 以上, 间隔为 20 cm²/s；

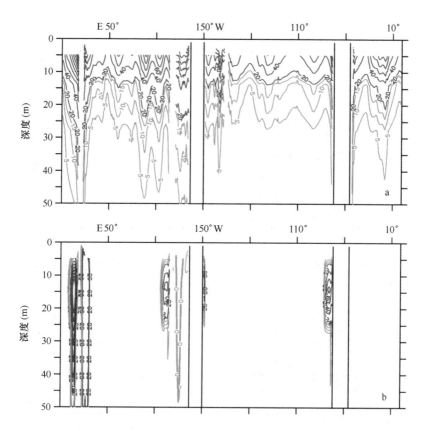

图 2.14　南半球 2 月沿 35°S 断面上 50 m 浪致混合系数 B_V 和由 M – Y
模型得到垂向湍流混合系数 K_H 的垂向分布　图 a 为 B_V;图 b 为 K_H

绿线 0 ~ 15 cm²/s,间隔为 5 cm²/s;红线 20 cm²/s 以上,间隔为 20 cm²/s;

2.4.2　原始 POM 和浪流耦合模式模拟得到的夏季上层垂向温度分布的比较

图 2.15 和图 2.16 分别给出了沿 35°N 和 35°S 断面原始 POM 和浪流耦合模式模拟得到的夏季上 100 m 垂向温度分布与 Levitus 资料的比较,该资料可以认为是实测结果。我们定义比 5 m 层的温度低 1℃的深度为上混合层的厚度。图 2.15 为沿 35°N 上 100 m 8 月的温度分布,图 2.15a、图 2.15b、图 2.15c 分别为浪流耦合模式、原始 POM 模拟得到的结果和 Levitus 资料,图中的蓝线为混合层的深度。35°N 断面穿越太平洋和大西洋,断面左侧为

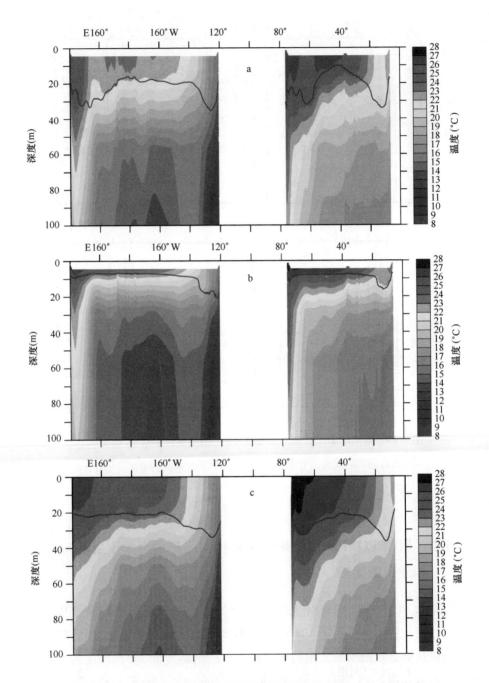

图 2.15 8月沿 35°N 断面上 100 米垂向温度分布,蓝线为混合层深度

a. 浪流耦合模式模拟得到的结果;b. 原始 POM 模拟得到的结果;c. Levitus 资料

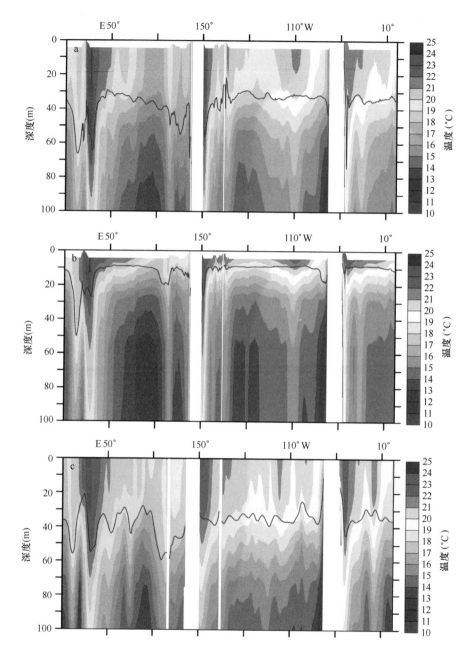

图 2.16　2 月沿 35°S 断面上 100 m 垂向温度分布,蓝线为混合层深度

a. 浪流耦合模式模拟得到的结果;b. 原始 POM 模式模拟

得到的结果;c. Levitus 资料

太平洋,右侧为大西洋。从 Levitus 资料中可以看到该断面的上混合层厚度在 20~40 m 之间,大西洋的混合层厚度比太平洋深一些。原始 POM 模拟的结果(图 2.15b)在上 30 m 层温度层结很强,上混合层非常浅,在断面的大部分区域小于 10 m,只有在靠近太平洋和大西洋的东海岸的区域上混合层厚度在 10~20 m 之间。模拟的混合层厚度只有 Levitus 资料的一半左右。而浪流耦合模式得到的结果(图 2.15a)上混合层比原始 POM 明显加厚,除了大西洋中部(40°W 附近)厚度偏薄外,其他区域和 Levitus 资料比较接近。

图 2.16 为沿 35°S 上 100 m 2 月的温度分布,图 2.16a、图 2.16b、图 2.16c 分别为浪流耦合模式和原始 POM 模拟得到的结果和 Levitus 资料。从 Levitus 资料中可以看到该断面的上混合层厚度在 20~60 m 之间,平均在 40 m 左右。原始 POM 模拟的结果(图 2.16b)上混合层非常浅,在断面的大部分区域在 10 m 左右,仅为 Levitus 资料的 1/4 左右。而浪流耦合模式得到的结果(图 2.16a)上混合层比原始 POM 明显加厚,和 Levitus 资料符合较好。

由图 2.15 和图 2.16 可以看出,在夏季中纬度海区,原始 POM 中仅考虑湍流混合模拟得到的夏季上混合层明显比实测资料偏薄,浪流耦合模式在同时考虑浪致混合和湍流混合的情况下模拟得到的上混合层同实测资料符合较好,而从图 2.15 和图 2.16 可以看出在上混合层浪致混合比湍流混合要大得多,这说明夏季浪致混合在中纬度海区表层混合层的形成过程中起关键作用。

我们选择两点(35°S, 180°E)和(35°N, 30°W)作为南太平洋和北大西洋的有代表性的点来研究该海区垂向温度分布在一年里随时间的变化。图 2.17 为(35°S, 180°E)点上 50 m 垂向温度分布在一年中随时间的变化,图 2.17a、图 2.17b 和图 2.17c 分别为浪流耦合模式和原始 POM 模拟得到的结果和 Levitus 资料。由 Levitus 资料可以看出,该点夏季(1—2 月)SST 最高为 21℃,SST 高于 21℃ 的时间为半个月左右,上混合层厚度约为 30~40 m,而原始 POM 模拟得到的夏季 SST 最高为 22℃,比 Levitus 资料高 1℃,SST 高于 21℃ 的时间长达两个月;模拟得到的上混合层厚度只有 10 m 左右。浪流耦合模式得到的夏季 SST 最高为 21℃,SST 高于 21℃ 的时间为半个月左右,上混合层厚度在 35 m 左右,温度结构同 Levitus 资料非常接近。图 2.18 为沿(35°N, 30°W)点上 50 m 垂向温度分布在一年中随时间的变化,图 2.18a、图 2.18b 和图 2.18c 分别为浪流耦合模式、原始 POM 模拟得到的结果和 Levitus 资料。由 Levitus 资料可以看出,该点夏季(8—9 月)SST 最高为 24℃,上混合层厚度约

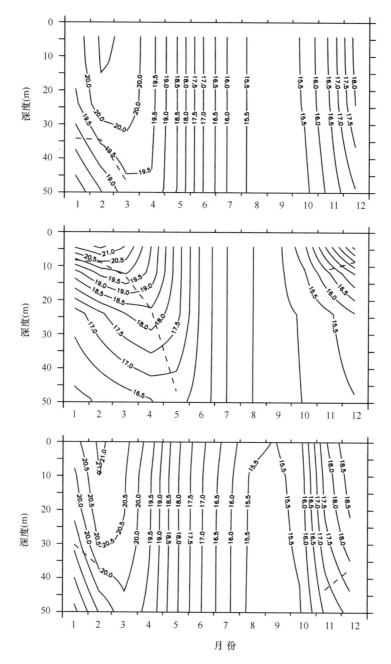

图 2.17 点(180°E,35°S)上 50 m 垂向温度分布在一年中随时间的变化,
等值线间隔为 0.5℃,虚线为混合层深度

由上至下分别为浪流耦合模式模拟得到的结果、原始 POM 模拟得到的结果和 Levitus 资料

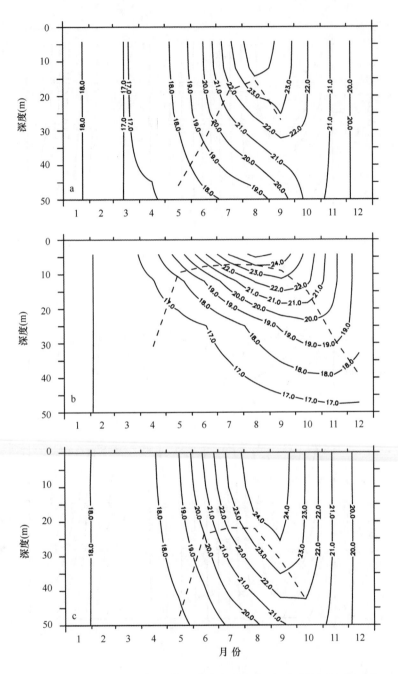

图 2.18　点 (35°N, 30°W) 上 50 m 垂向温度分布在一年中随时间的变化

等值线间隔为 1.0℃ , 虚线为混合层深度

a. 浪流耦合模式模拟得到的结果; b. 原始 POM 模拟得到的结果; c. Levitus 资料

为 20 m 左右,而原始 POM 模拟得到的夏季 SST 最高为 25℃,比 Levitus 资料高 1℃;模拟得到的上混合层厚度小于 10 m。浪流耦合模式得到的夏季 SST 最高为 24℃,上混合层厚度在 15 ~ 20 m 左右,虽然有些偏薄,但同原始 POM 的结果有明显改善,温度结构同 Levitus 资料较为符合。这说明采用浪流耦合模式能显著改善原始 POM 模拟的夏季 SST 偏高,上混合层偏薄的问题。

我们同时将模拟得到的上述两点不同季节的温度剖面与 Levitus 资料进行了比较。图 2.19 和图 2.20 分别给出了(35°S, 180°E)和(35°N, 30°W)两点在 2 月、5 月、8 月和 11 月上 250 m 温度剖面。从图中可以看出在夏季(图 2.19a 和图 2.20c),原始 POM 模拟得到上层温度(红线)层结较强,上混合层不明显。采用浪流耦合模式模拟得到的温度(绿线)上混合层明显加厚,与 Levitus 资料(黑线)符合较好。在春季(图 2.19d 和图 2.20b)和秋季(图 2.19b 和图 2.20d)也有不同程度的改善。在冬季(图 2.19c 和图 2.20a)由于表层冷却,浮力混合很强,其作用超过了浪致混合,但浪流耦合模式的结果也比原始 POM 的结果更接近 Levitus 资料。

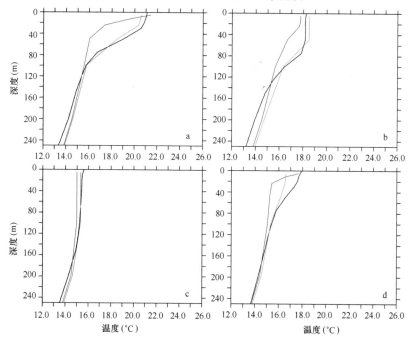

图 2.19　点(35°S, 180°E)上 250 m 在不同季节的温度剖面

a. 2 月,b. 5 月,c. 8 月,d. 11 月

绿线:浪流耦合模式的结果;红线:原始 POM 的结果;黑线:Levitus 资料

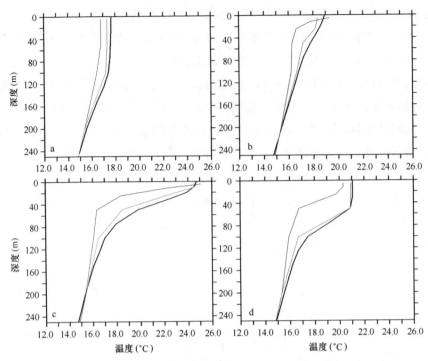

图 2.20　点(35°N, 30°W)上 250 m 在不同季节的温度剖面

a. 2 月,b. 5 月,c. 8 月,d. 11 月

绿线:浪流耦合模式的结果;红线:原始 POM 的结果;黑线:Levitus 资料

　　由图 2.12 可以知道在低纬度地区,浪致混合 B_V 要比湍流混合要弱,因此,我们在低纬度地区选择了两点(15°N, 120°W)和(20°N, 40°W)来研究在低纬度地区浪致混合的作用,图 2.21 为(15°N, 120°W)点上 50 m 垂向温度分布在一年中随时间的变化,图 2.21a、图 2.21b 和图 2.21c 分别为浪流耦合模式、原始 POM 模拟得到的结果和 Levitus 资料。从图中可以看出在夏季(8 月)浪流耦合模式模拟得到 26.5℃等温线可达 31 m,与 Levitus 资料中的 32 m 符合很好,原始 POM 模拟得到的 26.5℃等温线分布在 20 m 左右。温度超过 27.5℃的时间 Levitus 资料中月为 1 个月,原始 POM 结果中为 2 个月,浪流耦合模式结果为 1.4 个月。这说明尽管在低纬度地区浪致混合 B_V 要比湍流混合要弱,但因为 K_H 在海表为 0,相反地 B_V 在海表达到最大值,在将海表的热量向下输运的过程中 B_V 起到一个扳机的作用。因此 B_V 对热带上层海洋的温度结构也由相当的作用。图

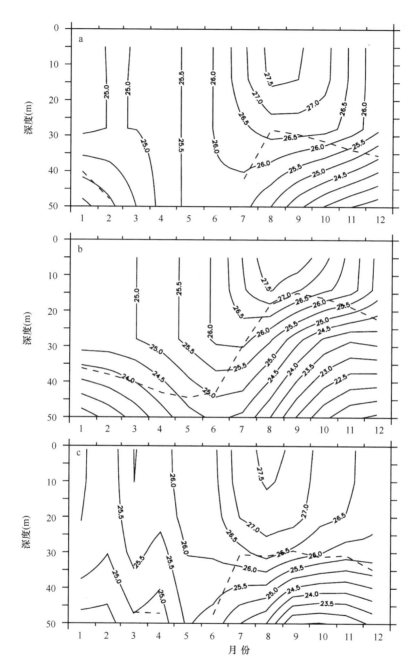

图 2.21　点(15°N，120°W)上 50 m 垂向温度分布在一年中随时间的变化

虚线为混合层深度

a. 浪流耦合模式结果；b. 原始 POM 结果；c. Levitus 资料

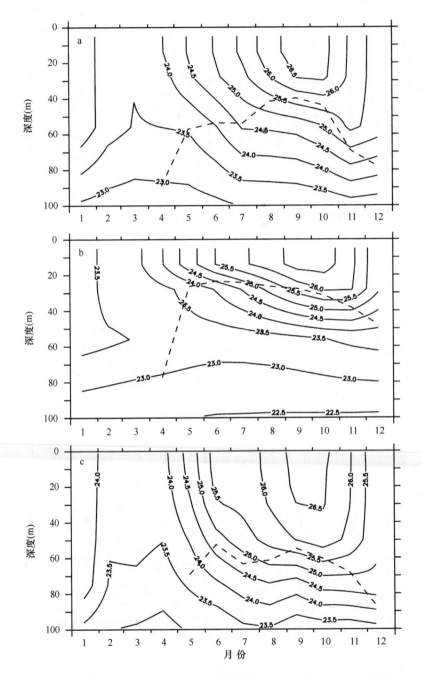

图 2.22 点(20°N，40°W)上 100 m 垂向温度分布在一年中随时间的变化

虚线为混合层深度

a. 浪流耦合模式结果；b. 原始 POM 结果；c. Levitus 资料

46

2.22 为(20°N，40°W)点上 50 m 垂向温度分布在一年中随时间的变化，从中也可以得到类似的结论。

从图 2.14 到图 2.22 可以看出，浪流耦合模式模拟得到的温度结构同 Levitus 资料仍有一些差异。造成这种差异有以下原因：①模式热通量采用空间分辨率为 1° × 1° 的 COADS 月平均统计结果，分辨率和精度较低；②计算浪致混合 B_V 时海浪模式的驱动风场采用的是 2001 年的 NECP 再分析数据，这有可能造成某些海区的浪致混合 B_V 比多年平均值偏大或偏小，从而造成模拟得到的温度结构和多年平均的 Levitus 资料存在差异。

2.4.3 原始 POM 和浪流耦合模式模拟得到的夏季上混合层空间分布比较

以上我们仅对某些断面和代表性点的结果进行了分析，下面我们给出夏季南太平洋和北大西洋上混合层深度的空间分布，来研究浪致混合对上混合层的作用。图 2.23 给出了南太平洋夏季(2 月)上混合层深度的分布，图 2.25a 给出了南太平洋夏季纬向平均混合层深度。Levitus 资料表明在南太平洋 0°—20°S 之间的热带海区和 45°S 以南的海区混合层深度较大，原始 POM 模拟得到上混合层深度在热带海区也有一个大值区，但平均值仍比 Levitus 资料得到深度小 10 m 左右(图 2.25a)，这中差别随纬度增加而增加。原始 POM 没有模拟出 45°S 以南混合层深度的大值区。浪流耦合模式结果得到的混合层厚度比原始 POM 明显加深，45°S 以南混合层深度的大值区得到较好体现。从纬向平均图也可以看出这种特征。

图 2.24 给出了北大西洋夏季(8 月)上混合层深度的分布，图 2.25b 给出了北大西洋夏季纬向平均混合层深度。从 Levitus 资料可以看出在 10°—25°N 之间的低纬度海区，混合层深度较大，平均在 40 m 左右，最深可达 100 m。在海盆的中部，混合层较浅，在 20 m 左右，在湾流及其以东海区和纽芬兰以东混合也较深。原始 POM 模拟得到上混合层深度明显偏浅，特别是在 25°N 以北的区域一般小于 10 m，不到 Levitus 资料的一半，在低纬度海区也偏浅。而浪流耦合模式结果几个混合层的大值区均得到体现，混合层深度的空间分布特征与 Levitus 资料较相似。

由图 2.23 和图 2.24 可以看出模拟所得的混合层厚度与 Levitus 资料相

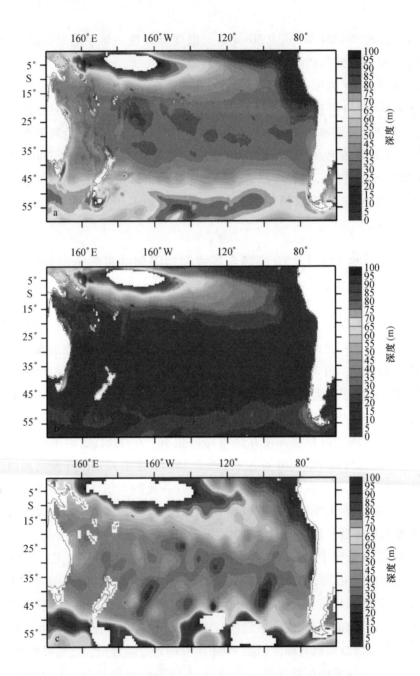

图 2.23　南太平洋夏季(2 月)上混合层深度的分布(单位:m)

a. 浪流耦合模式;b. 原始 POM 模拟结果;c. Levitus 资料得到的结果

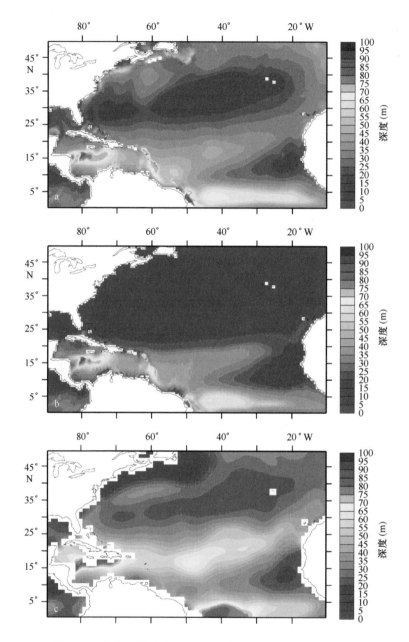

图 2.24　北大西洋夏季(8 月)上混合层深度的分布(单位:m)

a. 浪流耦合模式;b. 原始 POM 模拟结果;c. Levitus 资料得到的结果

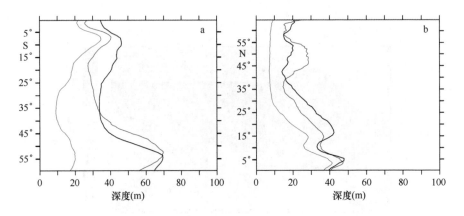

图 2.25　南太平洋和北大西洋夏季纬向平均混合层深度

a. 南太平洋；b. 北大西洋

红线：浪流耦合模式结果　绿线：原始 POM 结果　黑线：Levitus 资料

比仍然有些偏薄,特别是在低纬度地区(25°S—25°N)和 45°S 以南的西风带海区。我们认为可能的原因有:①在本耦合模式中没有考虑短波辐射穿透的作用,根据 Ezer(2000)的工作,如果在浪流耦合模式中考虑短波辐射穿透的作用,模拟得到混合层厚度会与 Levitus 资料更加接近;②在本耦合模式中没有海浪破碎引起的混合作用。在 45°S 以南的西风带海区常年风力较大,海浪破碎引起的混合作用不可忽略。这是造成模拟的混合层厚度与 Levitus 资料相比仍然有些偏薄的重要原因;③计算浪致混合 B_V 时海浪模式的驱动风场采用的是 2001 年的 NECP 再分析数据,这有可能造成某些海区的浪致混合 B_V 比多年平均值偏小。

2.5　小节

本章利用将 MASNUM 浪－流耦合模式应用到大洋,所模拟的海浪有效波高同 Topex/Poseidon 高度计观测值符合较好。由海浪模式得到的浪致混合 B_V 和由 M－Y 湍流模型得到垂向混合系数 K_H 相比,在夏季的中高纬度海区的上层,B_V 比 K_H 要大;在低纬度热带海区上层 B_V 小于 K_H。

将浪－流耦合模式和采用 M－Y 湍流模型的原始 POM 模式模拟得到的夏季上层温度结构同 Levitus 资料比较表明:浪－流耦合模式的结果明显比

原始 POM 的结果和 Levitus 资料相吻合,浪－流耦合模式模拟得到的夏季上混合层厚度比原始 POM 要深,和 Levitus 资料符合较好,在中高纬度海区尤为明显。这说明浪致混合在中高纬度海区夏季表层混合层的形成过程中起关键作用,对热带上层海洋的温度结构也有一定的影响。

3 MASNUM 浪 – 潮 – 流耦合模式的建立及在黄海中的应用

黄海冷水团作为中国近海的一个独特的水文现象吸引了国内外众多海洋学家的关注。关于黄海冷水团的底层和垂向环流,至今仍存在不同的观点。本文在 MASNUM 浪 – 流耦合模式的基础上,在边界引入潮流边界条件,建立了 MASNUM 浪 – 潮 – 流耦合模式,并利用该模式对黄海夏季的三维环流结构进行了模拟研究。该模式较为准确地模拟了该海区潮汐、温度和盐度结构,所得的流场结果与实测资料较为吻合。利用模拟的流场结果并结合实测资料,本文提出了一个完整的夏季黄海三维环流结构,并对环流的形成机制进行了分析。

3.1 黄海夏季环流研究现状

黄海是一个半封闭的西北太平洋边缘海。西侧和北边为中国大陆,东侧为朝鲜半岛,南面与东海连通。黄海地形的特点是:中部为黄海槽,深度约为 50～100 m,地形较平坦,最大深度 140 m,位于济州岛西北;海槽两侧坡度增大,地形变陡,其中以朝鲜南部西侧坡陡最大;苏北外海为水深小于 20 m 的浅水区。这种地形特征对黄海的水文状况有着重大影响。黄海平均水深为 44 m,在黄海中部又以山东半岛的最东端成山角与朝鲜半岛的长山串间的连线为界,将黄海分为两部分,南部简称南黄海。

大量的观测研究表明,影响本区的水文状况变化的外界因子是:①来自大气的风应力和热通量;②通过海区的南部开边界传入的外海潮波,潮汐、潮流是本海区海水运动的重要过程;③长江、黄河等大陆江河径流向海区注入大量淡水。在冷半季黄海暖流从济州岛西南进入黄海,也给本区带来重大影响。

黄海冷水团(YSCWM),又称为黄海底层冷水(YSBCW)是夏季黄海最重要的水文现象。黄海冷水团是指黄海海槽区夏季水温较低的下层水。调查表明在夏季北黄海冷中心温度低于7℃,在南黄海中部水温也低至8～9℃。在冷水团与表层高温水体之间存在薄而强的温跃层;在冷水团的周围存在水平温度梯度很强的温度锋面。黄海冷水团这一独特的水文现象吸引了国内外众多海洋学家的兴趣。关于黄海冷水团的水平环流,陈则实等(1978)综合分析历史测流资料,给出了夏季黄海环流图,黄海上层为一海盆尺度气旋式(逆时针)环流。汤毓祥(1990)对黄东海的潮余流数值模拟表明,黄海的潮余流围绕南黄海海槽形气旋式环流,它与冷水团密度流一致。Beardsley 等(1992)指出1986年夏季在黄海释放的5个卫星追踪的上层测流浮标的轨迹显示黄海夏季为一弱的海盆尺度的气旋式(逆时针)环流。Yanagi 和 Takahashi (1993)采用诊断模式模拟了黄海环流的季节演变,他们的研究结果表明夏季黄海上层为一气旋式(逆时针)环流,下层为一反气旋式(顺时针)环流。Takahashi 和 Yanagi (1995)采用理想地形化的数值模式研究指出上述环流是由于地形性储热效应引起的。Lee 和 Beardsley (1999)采用 ECOM - si 模式研究了温度垂直层化对黄海欧拉余流的影响,温度垂直层化加强了锋区和沿陆坡的底边界层顶部的欧拉余流。汤毓祥等(2000)根据中韩黄海水循环动力学合作调查结果并结合有关历史资料对南黄海环流的特征进行了分析,他们认为夏季黄海表、底层环流大致皆是由一个大的气旋式(逆时针向)流系构成,但在其表层海盆尺度的气旋式环流内部还存在小的气旋式和反气旋式流环。Lee 等(2001)和 Jung 等(2001)采用三维正压模式在 M_2 分潮存在的情况下模拟了黄海、东海环流。朱建荣等(2002)采用诊断的 ECOM - si 模拟了黄海、东海夏季的环流,其模式的初始温度、盐度场数值化取自渤海、黄海、东海海洋水文图集8月各标准层上温度、盐度分布。在其模拟的结果中,黄海冷水团由3个气旋式环流组成,形状是一个不规则的圆。Xu 等(2003)采用了理想化地形的 MOM 2 研究了黄海冷水团的斜压环流,他们的结果支持了 Yanagi 和 Takahashi (1993)的结论并指出,上层气旋式环流强而底层反气旋式环流弱,深度积分的环流是气旋式的。由于其模式中不包含风应力强迫,他们猜测夏季盛行的南风可能会使黄海冷水团的底层向南移动。要进一步研究黄海冷水团的形成和演变,数值模式需要采用真实地形和表面风场强迫。综合上述观测和模拟结果,与黄海冷水团相适应夏季黄海上层(表层)为一海盆尺度气旋式(逆时针)环流;但对于底层环流观点并不一致。汤毓祥等(2000)在中韩黄海水循环动力学合作调查 1997 年夏季航次中投放的人工水母的运移轨迹没有显示黄海底层为一反气旋环流,因此,需要对底层环流做进一步研究。

在黄海冷水团的垂向环流方面也存在不同的观点。早期的研究结果认为:北黄海冷水团中心区存在较强的上升流现象,而边界区是下降流(管秉贤,1962;袁业立,1979)。袁业立等(1993)采用一个解析的热力 - 动力学模型,得到冷水团的垂向环流存在于温跃层附近的薄层内,中心为上升流,边缘为下降流。冯明等(1992)使用一种温跃层方程组来研究夏季黄海的热盐环流,对垂直热平流来讲,把温跃层看作是一个屏障或内边界:在温跃层以上的区域内,冷水团中心为下降流,其边缘为上升流,水平环流呈反气旋式的;在温跃层以下的区域内,冷水团中心为上升流,而其边缘为下降流,并形成一个气旋式的水平环流。冷水团中心的垂直运动并不穿过温跃层。苏纪兰等(1995)运用定性分析和数值模拟,对黄海冷水团的环流结构进行了探讨,结果表明黄海冷水团的垂向环流结构为双环结构:跃层以上为中心上升、边缘下降的弱环流;跃层以下为中心下降、边缘上升的强环流;在冷水团的中心区域,流动很弱。赵保仁(1996)采用 James 潮汐锋诊断模型和实测温度资料得到的垂向环流与苏纪兰的结果一致。Lee 和 Beardsley (1999)在夏季温度层化下得到黄海 35°N 断面的垂向余流结构与苏纪兰的结果类似。刘桂梅等(2003)采用诊断的 ECOM - si 模拟了黄海夏季锋区附近的速度结构,结果表明在锋区附近存在上升流,该上升流是锋区附近表层冷水的形成原因。陈长胜等(2003)采用三维的 ECOM - si 研究了美国乔治滩跨锋面的水体交换,得到垂向余流在乔治滩的北侧为单环结构而南侧为多环结构。郭炳火等(1983,1986)指出在黄海的山东半岛、辽东半岛和朝鲜半岛的西南部等半岛、海角的附近水域存在由于潮流绕半岛运动诱导引起的上升流,夏季这种上升流会在该区域造成稳定的表层冷水。

在前人的数值模式中,由于受到计算机水平的限制,有些采用简化方程和理想化的地形,大多数采用诊断模式,温度、盐度事先给定,这样就不能研究温盐结构的形成机制和演化过程。很多模式没有加表面风场强迫,事实上风场对表层流影响较大并有可能对底层环流产生影响。因此,本研究中我们采用基于 POM 的 MASNUM (Key Laboratory of MArine Sciences and NUmerical Modeling) 浪 - 潮 - 流耦合模式研究黄海夏季的环流结构。该模式是一个三维的基于原始方程的模式。对于温盐采用预报方式(prognostic)。

3.2 MASNUM 浪－潮－流耦合模式的建立

本研究中我们建立 MASNUM 浪－潮－流耦合模式,该模式的环流部分是基于 POM 模式。POM 模式采用 Mellor－Yamada 二阶闭合湍混合方案(Mellor and Yamada,1982)。垂直混合系数 K_M 和 K_H 由下式定义:

$$K_M = q\lambda \, S_M \, , \, K_H = q\lambda \, S_H$$

系数 S_M 和 S_H 是 Richardson 数的函数,分别表示为

$$S_H[1 - (3A_2B_2 + 18A_1A_2)G_H] = A_2[1 - 6A_1/B_1]$$

$$S_M[1 - 9A_1A_2G_H] - S_H[(18A_1{}^2 + 9A_1A_2)G_H] = A_1[1 - 3C_1 - 6A_1/B_1]$$

其中 G_H 是 Richardson 数:

$$G_H = -\frac{\ell^2}{q^2}\frac{g}{\rho_o}\left[\frac{\partial\rho}{\partial z} - \frac{1}{c_s^2}\frac{\partial p}{\partial z}\right]$$

采用此垂直混合方案的环流数值模式一个常见的问题是所模拟的海洋表层温度均过高,且模拟的夏季上混合层深度太浅(Martin,1985;Kantha and Clayson,1994)。袁业立等(1999)建立了波浪运动混合的理论框架,Qiao 等(2004a;2004b)建立了浪流耦合模式,得到了海浪对环流模式的三维波浪辐射应力和波浪运动对环流场的混合作用。耦合模式中采用 MASNUM 海浪模式计算波浪运动对环流场的垂向混合系数 B_V,并将此垂向混合系数加到 POM 中由 Mellor－Yamada 二阶闭合湍混合方案计算出的垂向混合系数中,这样表层的海浪垂直混合因素就得到了体现。

黄海是潮流十分显著的海区,潮的能量占整个海域能量的 80%(方国洪,1979),强潮流区的潮流流速,约为余流的 10 倍以上。潮汐和潮流对环流的作用体现在两各方面:一方面潮流在近海底具有很强的流速剪切分布,所激发的湍流混合在形成浅海热结构中起重要作用(乔方利等,2004)。赵保仁(1987)指出黄海的海洋锋基本属于潮生锋。在本研究中耦合模式中在开边界处加入周期性的潮流流速,这样潮流和环流同时模拟,潮流激发的湍流混合通过 M－Y 二阶闭合湍混合方案得到体现。另一方面是潮余流对环流的贡献,潮余流是潮波运动过程中因非线性作用引起的余流,在岸边海域和地形复杂的海湾、河口等处就明显地表现出来。在黄海,有些海域的潮余

流值大体和环流(风海流和热盐环流)值相当或超过环流值。潮余流是潮波运动引起的,属潮流范畴,但其表现和影响主要体现在环流方面。本研究将潮流和环流同时模拟,将模拟出模式每个网格点的流场在一个 M_2 潮周期内作平均,得到的欧拉余流来分析环流的特征,这样潮余流就包含在环流的结果中了。

模式的计算区域为(0°—50°N, 99°—150°E)包含渤海、黄海、东海、南海和部分西北太平洋。开边界距黄海较远这样可以减小开边界条件的误差对黄海的影响。水平空间分辨率为 $1°/6 \times 1°/6$,地形由全球 $5' \times 5'$ 的 Etopo5 的地形插值得到,并按以下公式平滑:

$$\frac{|H_{i+1} - H_i|}{(H_{i+1} + H_i)} \leq \alpha$$

其中平滑因子 $\alpha = 0.4$ 。最小水深设为 10 m,由于本研究不注重深海,水深大于 3 000 m 的区域取为 3 000 m(图 3.1)。垂向分 16 层,并在上层有较高的分辨率,和第一章中准全球大洋环流模式的垂向分层相同(表 1.1)。

风场、热通量和蒸发降水采用空间分辨率为 $1° \times 1°$ 的 COADS 月平均统计结果(Arlindo de Silva,1994)。并在热通量中加入了简单大气反馈项进行修正(Haney,1971)。

$$Q = Q_c + \left(\frac{\mathrm{d}Q}{\mathrm{d}T}\right)_c (T_c^\circ - T^\circ)$$

下角标 C 表示来自于 CODAS 资料。T° 表示模式计算的海表温度。

温度、盐度开边界条件利用准全球模拟结果嵌套(夏长水,2004)。为了加入潮流,速度和水位开边界用辐射边界条件如下:

$$\begin{cases} U = U_B - (\pm) \sqrt{\frac{g}{H}}(\zeta_B - \zeta_M) \\ \zeta_B = \zeta_N + \zeta_T \end{cases}$$

其中 U_B 和 ζ_N 来自于准全球模拟结果(夏长水等,2004),H 为水深,g 是重力加速度,ζ_M 是模式计算的边界水位,($\pm$)取决于入流的方向。ζ_T 代表潮水位:

$$\zeta_T = \sum A\cos(\omega t - \phi)$$

其中 ω 为分潮的角频率,A 为振幅,ϕ 为迟角。振幅和迟角的开边界条件取美国俄勒冈州立大学的 $0.25° \times 0.25°$ TPXO.6 潮汐模型(Gary et al. ,

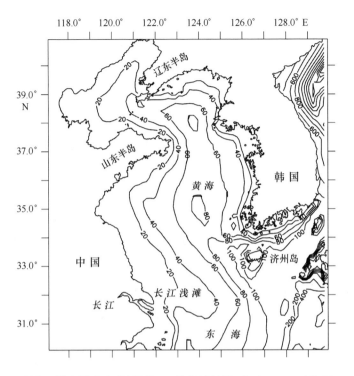

图 3.1 研究区域和模式地形(单位:m,等值线间隔:小于 100 m 时为 20 m,大于
200 m 时为 200 m),模式区域为(0° ~50°N,99° ~150 °E),较研究区域大

1994),网址为 http://www. coas. oregonstate. edu/research/po/researchtideglo-
bal. html。本研究仅考虑了 M_2 分潮,因为在黄海 M_2 分潮占主导地位,这样
也容易求出欧拉余流。

长江冲淡水作为海盆边界流量加入,采用的是大通水文站 35 年的气候
态月平均径流量(表 3.1)。

表 3.1　大通水文站 35 年气候态月平均长江径流量　　　单位:m³/s

1 月	2 月	3 月	4 月	5 月	6 月	7 月	8 月	9 月	10 月	11 月	12 月
11008	11 903	16 825	25 254	33 345	40 342	52 183	44 065	39 315	32 952	21 817	13 413

初始条件取 1 月 Levitus(1982)温度场和盐度场,流速取零(冷启动)。
模式运行 5 年后,取第 6 年模拟结果进行分析。

3.3 模拟的潮汐、温度和盐度的验证

3.3.1 潮汐结果的验证

我们首先将全场温度设为 15℃,盐度设为 35 并保持不变的情况下在开边界处只加潮汐强迫。在全场潮汐潮流达到稳定后对潮汐的时间序列进行了调和分析得到了 M_2 分潮的调和常数。图 3.2a 给出了模拟得到的 M_2 分潮的同潮图。在黄海中有两个无潮点,分别位于山东半岛东侧和苏北外海。该结果同文献中的结果(方国洪,1986;万振文等,1998;Lee and Beardsley,1999;方国洪等,2004)基本吻合。

本文将实测水位站附近的 4 个模式网格点上所模拟得到的调和常数插值到水位站点上,然后和实测值进行了比较。实测资料由方国洪和魏泽勋研究员提供。图 3.2b 给出了比较的结果。从图中可以看出两者符合好。在所有 183 个站中,振幅的平均误差为 0.44 cm,标准差为 8.1 cm;迟角的平均误差为 −1.3°,标准差为 6.7°。这说明模拟得到的潮汐结果和实测结果符合较好。

图 3.2c 给出了模拟得到的欧拉潮余流。在朝鲜半岛西南侧沿海,潮余流朝北较集中呈射流状,流速可达 10 cm/s。在围绕长江堆海域,潮余流方向为东南向,流速较小,流幅较宽。潮余流以(34.8°N,125.5°E)为中心形成一个气旋式流环。模拟所得欧拉潮余流结果与赵保仁等(1985)和 Lee 和 Beardsley(1999)的结果符合较好。

3.3.2 温度和盐度结果的验证

本文将模拟的 124°E 和 35°N 断面的温度结果同中韩黄海水循环动力学合作调查(1996 年 4 月和 10 月,1997 年 2 月和 10 月 4 个航次)所获得实测结果进行和比较。应当指出的是由于模式中的热通量和风场采用的是多年平均的数据,因此,模拟的温度场代表气候态的结果,与实测资料的对比应侧重分布特征。图 3.3 和图 3.4 分别给出了 124°E 断面的模拟和实测结果。在冬季(图 3.3a 和图 3.4a)由于垂向混合强烈,温度垂向分布均匀。在

早春(图 3.3b 和图 3.4b),由于表层海水没有增温,垂向的温度分布仍然较均匀。到了夏季,模拟结果(图 3.3c)和实测结果(图 3.4c)均显示黄海的温度垂向分布有如下特征:上混合层(0~10 m)温度较高(24℃或更高),底混合层(30 m 以下)温度很低(小于 10℃),在上混合层和底混合层之间的是温跃层(0~10 m),温跃层的强度可达 1℃/m 或更高。在 33°—34°N 之间的斜坡处形成了较强的温度锋面。到了秋季由于海水从海表冷却,在浮力作用下垂直混合增大,上混合层厚度增大温跃层的位置下降;模拟结果(图 3.3d)和

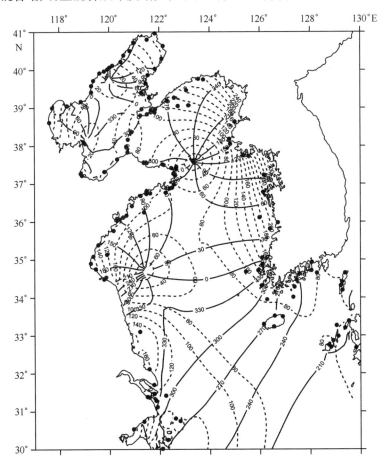

图 3.2a   由均匀海水模式得到的 M_2 分潮的同潮图

实线和虚线分别表示迟角(单位:°,相对于北京时间)和振幅(单位:cm)的分布;

黑点代表在图 3.2b 中与模拟结果相比较的潮汐的观测站位

59

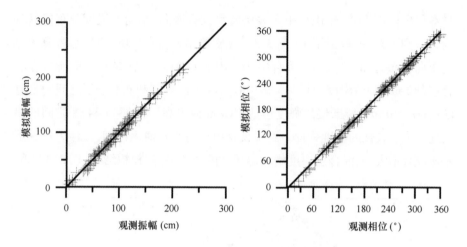

图 3.2b 模拟和实测的 M_2 分潮的调和常数的比较

左:振幅,右:迟角,潮汐的测站见图 3.2a

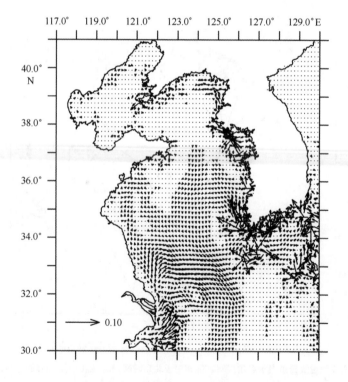

图 3.2c 均匀海水模式模拟得到的深度平均的欧拉潮余流(单位:m/s)

实测结果(图3.4d)都显示了这一特征。图3.5和图3.6分别给出了35°N断面的模拟和实测结果。35°N断面的温度垂向分布的季节演变与124°E断面类似,只是在夏季(图3.5c和图3.6c)温度锋面出现在位于121°—122°E之间和124.5°—125.5°E之间的斜坡处。夏季模拟所得的上混合层比实测偏薄,这可能有两方面的原因:一方面模式采用的气候态风场比实际风场偏弱,另一方面没有考虑海浪破碎导致的垂向混合。模拟所得的温跃层厚度偏厚,强度偏小,这可能与模式的垂向分辨率太粗有关。当水深为80 m时,在20~40 m处每一σ层有7~8 m,这样不能够很好的分辨温度在温跃层内垂向急剧的变化,造成模拟的温跃层厚度偏厚,强度偏小。

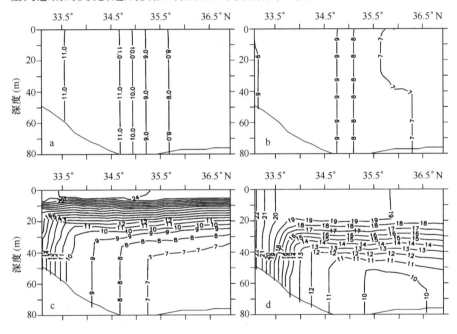

图3.3　模拟得到的124°E断面温度分布的季节变化

a.2月,b.4月,c.7月,d.10月

　　模拟所得的0 m,50 m和底层(底层均指离底5 m以内的水层,水深大于200 m的海区,取200 m为底层)的温度水平分布与郭炳火等(2004)实测的多年平均温度场进行了比较。实测的多年平均温度场综合了1958—1999年间多次海洋调查所得的温度资料插值到20′×20′绘制而成。

　　图3.7a和图3.7b分别给出了模拟和实测的黄海夏季表层温度分布。

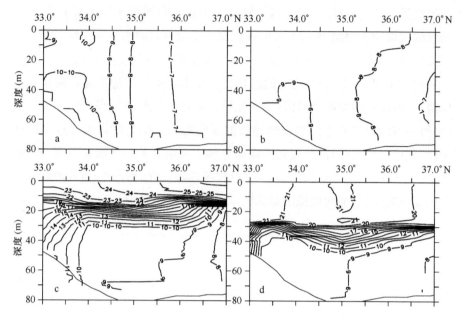

图 3.4　观测得到的 124°E 断面温度分布的季节变化

a. 2 月, b. 4 月, c. 7 月, d. 10 月

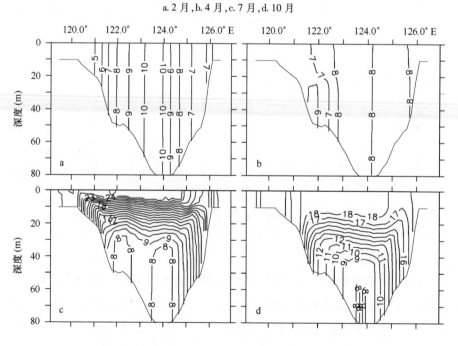

图 3.5　模拟得到的 35°N 断面温度分布的季节变化

a. 2 月, b. 4 月, c. 7 月, d. 10 月

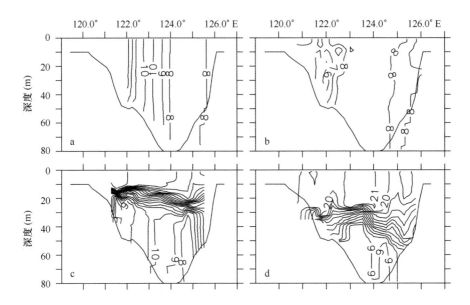

图 3.6　观测得到的 35°N 断面温度分布的季节变化

a.2 月,b.4 月,c.7 月,d.10 月

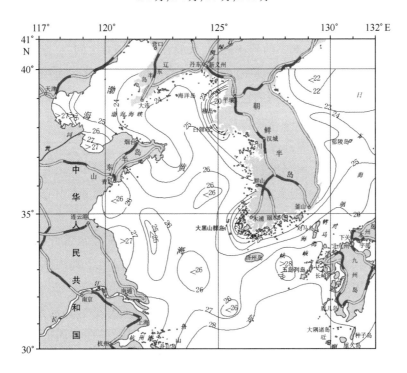

图 3.7a　观测得到的夏季海表温度(单位:℃)(郭炳火等,2004)

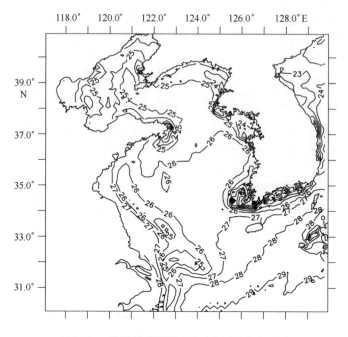

图 3.7b　模拟得到的夏季海表温度(单位:℃)

北黄海表层水温呈中部高的舌状分布,水温在 24~26℃之间,辽南沿岸—辽东半岛南端—渤海海峡东侧—山东半岛东端水域构成环北黄海周边的低温带,水温低于 24℃。南黄海表层大部分水域水温在 25~27℃范围内,在朝鲜半岛西南外海、苏北浅滩外和长江堆孤立分布的表层冷水。模拟和实测结果均显示上述特征,两者符合较好。

　　图 3.8a 和图 3.8b 分别给出了模拟和实测的黄海夏季 50 m 层温度分布。模拟和实测结果均显示黄海冷水团十分突出,北黄海冷中心温度低于7℃;冷水的北侧和东侧有明显的温度锋;模拟所得的温度锋的位置和强度与观测结果符合很好。冬季从济州岛西侧伸入黄海的暖水舌此时已消失,济州岛西南侧是一个伸入东海北部的相对低温水舌,由于其周围海水增温迅速,使其周围等温线密集。

　　图 3.9a 和图 3.9b 分别给出了模拟和实测的黄海夏季底层温度分布。在底层黄海冷水团几乎覆盖了整个黄海大部分海域,并在其周边形成强的温度锋。模拟和实测结果均显示上述特征。若取 10℃等温线作为黄海冷水团的边界,则可看出,黄海冷水团盘踞的范围约占黄海面积的 1/3 左右。黄

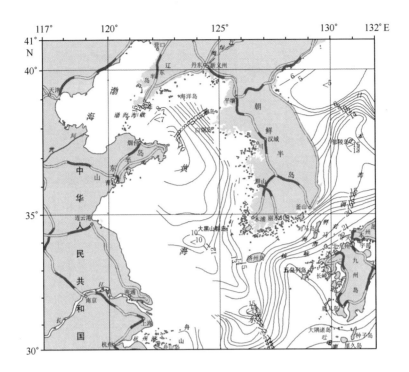

图 3.8a　观测得到的夏季 50 m 层温度(单位:℃)(郭炳火等,2004)

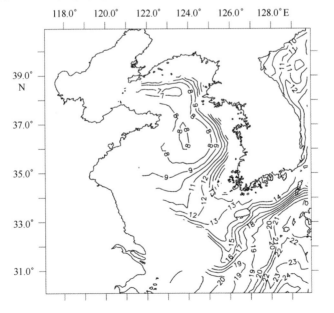

图 3.8b　模拟得到的夏季 50 m 层温度(单位:℃)

65

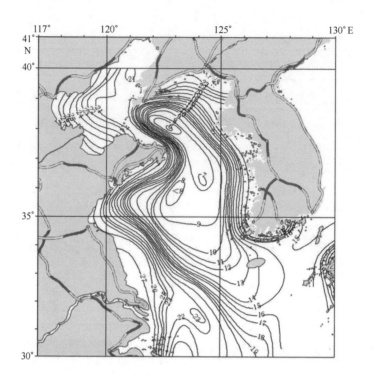

图 3.9a　观测得到的夏季底层温度（单位：℃）（郭炳火等，2004）

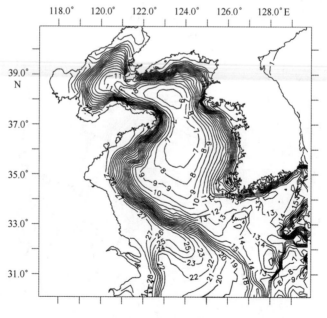

图 3.9b　模拟得到的夏季底层温度（单位：℃）

海冷水团似一长把梨状,扣卧在黄海中央洼地上(孙湘平,2003)。

图3.10a和图3.10b分别给出了模拟和实测的黄海夏季表层盐度分布。由于没有考虑蒸发和降水以及除了长江以外其他江河的淡水注入,模拟得到的盐度整体比观测偏高。但水平分布特征较类似:34°N以北的南黄海海域盐度分布十分规律,盐度等值线大致南北走向。其中苏北近岸盐度低于30,木浦附近海域盐度高于32,南黄海中部盐度在30~32之间;34°N以南的黄海水域等盐线走向改变为WNW—ESE走向。在东海北部,该季长江冲淡水向外扩展最远,低盐水舌可伸到对马海峡,对马海峡西水道基本被低盐舌占据。模式模拟的50 m层和底层的盐度(结果没有给出)分布特征和实测也较为吻合。

模拟所得温度、盐度的分布特征与实测结果符合较好,由于温度、盐度是环流的重要组成部分,因此,模式所得环流结果是可信的。

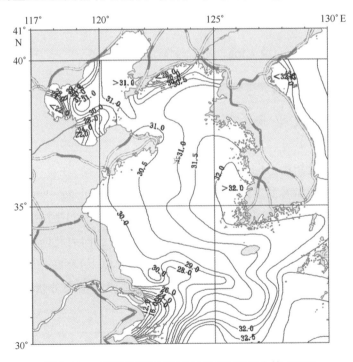

图3.10a 观测得到的夏季海表盐度(郭炳火等,2004)

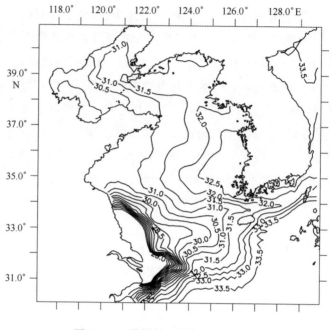

图 3.10b　模拟得到的夏季海表盐度

3.4　夏季水平环流的模拟结果

　　水平环流是指由东向速度和北向速度构成的流动,在黄海的上层水平环流的方向一般沿着温度锋面的走向又称为沿锋面(along - front)环流。图3.11 给出了模拟得到的沿 36°N 断面的北向速度(v),从图中可以看出黄海的夏季环流呈三层结构:在表层(0~4 m),主导的流向为北向,在上层(4~40 m)为一海盆尺度的气旋式环流,在底层(40 m 以下)存在一弱的南向流。依次从海表到海底我们将黄海分为表层、上层和底层来分析水平环流的特征。

3.4.1　表层环流

　　管秉贤先生早就指出,中国近海的海流,表层流受风影响较大,在不同程度上带有风海流性质。中国近海的表层流流向,在多数场合下,均随风向而变。在盛行偏北风的季节,流向多偏南;在盛行偏南风的季节,流向多偏

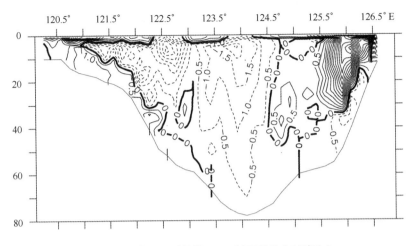

图 3.11　模拟得到的沿 36°N 断面的北向速度(v)

单位 cm/s,等值线间隔:0.5 cm/s

北。就流向和风向的关系(流偏角)而言,中国沿岸及南海,冬、夏季的盛行流向大都略偏于盛行风向之右或相一致。风海流的影响深度,一般在海面以下 20 m 以浅,但随风速而增大。由于受海岸线的曲折程度、海底地形以及外海流系的影响,中国沿岸的表层流,即使属于风海流,其性质也远比深海、大洋中的 Ekman 漂流要复杂。图 3.12 a 和图 3.12b 分别给出了黄海夏季的风场和表层流场。比较两图,可以看出模拟的流场印证了管先生的观点。夏季黄海盛行偏南风,表层流向略偏于盛行风向之右为北偏东。但在近岸和浅海(水深小于 15 m),由于到受海岸线的曲折程度、海底地形的影响,海流流向不满足这一规律,在苏北浅滩和长江口的以北海域,由于水深很浅,流向基本与风向一致。总体说来表层流的总的输运方向为北偏东向,这说明为了保持海水的平衡在黄海底层可能会存在南向的补偿流。

3.4.2　上层环流

图 3.13 给出了 10 m 的流场矢量图。由图中可以看出,在黄海的靠近中国一侧流向主要为南向和东南向,这和漂流浮标 6971 和 29576 的轨迹相符合(Beardsley et al.,1992),在靠近朝鲜半岛一侧流向为北向,这说明上层(4~40 m)为一海盆尺度的气旋式环流,这和大多文献观测和模式的结果一致(Beardsley et al.,1992;Yanagi and Takahashi,1993)。黄海夏季的主要

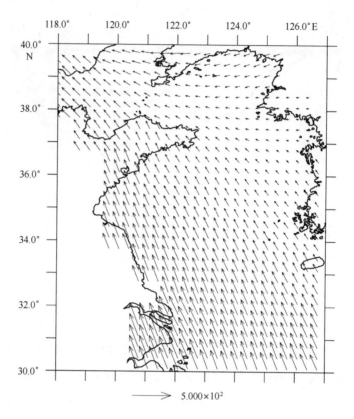

图 3.12a　黄海夏季的风场（单位：N/m²）

沿岸流系如黄海北岸沿岸流（有人称"辽南沿岸流"）、黄海西岸沿岸流（有
人称"黄海沿岸流"）和黄海东岸沿岸流（有人称"西朝鲜沿岸流"）均得到较
好的体现。济州岛暖流也得到较好模拟。由图 3.11 可以看出沿 36°N 断面
在黄海东部靠近朝鲜半岛一侧北向流流速大，呈射流状，在西部靠近中国一
侧，南向流流速较小，流幅较宽。这可能与东侧海底陆坡较陡以及潮余流
有关。

　　图 3.14 给出了夏季黄海的流函数，表明黄海的深度积分的净的环流为
气旋式（逆时针），流量约为 0.1 Sv，约为长江夏季（8 月）流量（52 183 m³/s）
的两倍，但同该海区的潮流相比，环流的流速和流量都小很多。

3.4.3　底层环流

　　图 3.15a 给出了模拟得到的 50 m 层的流场。由于底层流实测资料比较

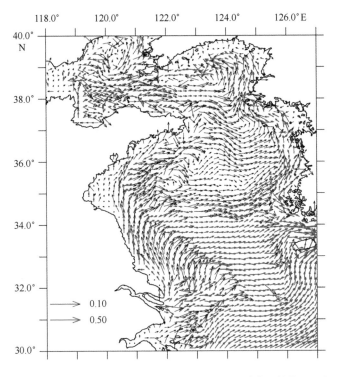

图 3.12b　模拟得到的夏季表层(0~4 m 平均)流场(单位:m/s)

少,我们将模拟结果与中韩黄海水循环动力学合作调查 1997 年夏季航次所
释放的底层漂浮物(又称"人工水母")的运移轨迹(汤毓祥等,2000)进行了
比较。该航次在实施 CTD 观测的同时在南黄海中 18 个测站投放了 1 800 个
人工水母,回收近 200 个。其中在海底漂移时间在 100 d 以上的占多数。由
于黄海底层流流场结构存在较明显的季节变化,所以人工水母漂移时间太
长,难以真实反映夏季底层流的情况。另一方面,考虑到渔船拖网时从拖到
人工水母到起网,可能移动一段距离,因此,对于距投放点很近的一些资料
也须慎重考虑。因此,我们主要选用漂移时间在 20~100 d 的人工水母进行
分析。图 3.15b 给出了漂移时间在 150 d 以内的人工水母的移动路径。从
中大致可以看到南黄海底层流的分布状况。在成山头外海,A2 站回收的漂
移时间大于 20 d 的 5 个水母中有 4 个是漂向东南至西南的范围内,大致显
示该海域的底层流是一种向南的运动。在山东半岛东南侧的黄海中部海
域,从位于 B 断面的 B6 站至西侧的 B2 站,漂浮物基本分布在西北至先的方

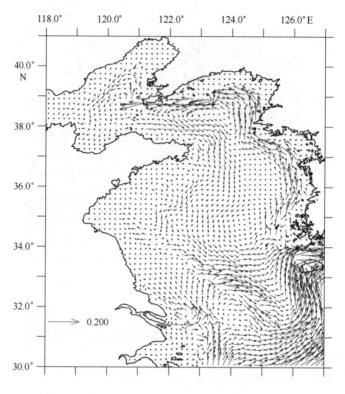

图 3.13　模拟得到的 10 m 的流场矢量图(单位:m/s)

向。其中 B2 站工回收了 20 多个人工水母,但回收日期小于 100 d 的 9 个水
母全部出现在北至西的范围内,而 C5 站尽管回收了 18 个水母,但只有 3 个
回收日期小于 100 d,这 3 个水母皆出现在南至南南东的方向内。这说明在
黄海中部存在一支南向流。C7 站 5 个小于 100 d 的水母也都出现在南南西
至东南的范围内。位于苏北浅滩及其外侧的 D4 和 D6 站,漂浮物较一致地
指向西南偏南,显示该处的底层流向南和西南运移。在黄海东部,各测站投
放的人工水母回收很少,已回收的几个水母,其漂移时间或是太短,仅小于
2 d,或是多在 100 d 以上,因此,很难反映那里夏季底层流的真实情况。

　　模拟的流场的分布特征与底层漂浮物反映出来的底层流场特征较为符
合:在黄海的中部底层存在一支南向流,在黄海冷水团周围的温度锋区,存
在辐散状朝外的流动。在黄海的中部底层存在一支南向流的另外一个间接
证据是实测的黄海 50 m 层的温度在 7 月和 8 月之间的变化。图 3.16 给出
了实测的 7 月和 8 月的 50 m 层的温度分布。从图中可以看出黄海冷水团有

72

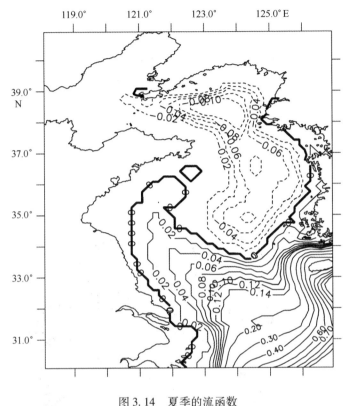

图 3.14 夏季的流函数

等值线间隔: -0.1 ~ 0.14 Sv 为 0.02, 0.1 ~ 1 Sv 为 0.1 Sv

南移的迹象。在 P 点 (123.5°E, 36°N) 温度由 7 月的 9.2℃降到 8 月的 8.0℃。从 7 月到 8 月黄海海表处于被太阳辐射加热状态,从实测温度(图 3.6c 和图 3.8a)分布可以看出夏季黄海 40 m 以下垂向温度比较均匀,而北黄海的温度比南黄海要低。P 点的温度降低一个可能的解释是在底层存在一支南向流,它将北黄海的冷水带到南黄海,从而使 P 点的温度降低。这支南向流的形成机制将在 3.6 中探讨。

测站 B2 位于温度锋区内,该处的流向为西北向,测站 D5 和 D6 也位于温度锋区内,该处的流向为西南偏南,三个测站流向的共同特征是穿过锋面朝外。模拟的结果更清晰的显示出这一特征:在温度锋区即黄海冷水团的外侧边缘存在穿越锋面指向近岸的辐散状流动。这个结果和苏纪兰等(1995)的结果相一致。Takahashi 和 Yanagi (1995)指出,黄海夏季底层的海水从中间向两侧辐散,相应地上层海水将向中间辐聚;在科氏力的作用下,在上层形成一个气旋式环流,在底层形成一个反气旋式环流。在本研究的结果中,从图3.11可以看出,沿36°N断面的北向速度在靠近中国一侧的沿海底陆坡的底层区为正的(向北),在靠近朝鲜半岛一侧的沿海底陆坡的底层区为负的(向南),说明底层辐散的海水有顺时针旋转的趋势,但从50 m层的水平环流来看,并不存在一个海盆尺度的闭合的顺时针的环流。这和Takahashi和Yanagi(1995)的结果不同。可能的原因是上层满足地转关系而底层不满足地转关系,第6部分和将有详细的讨论。

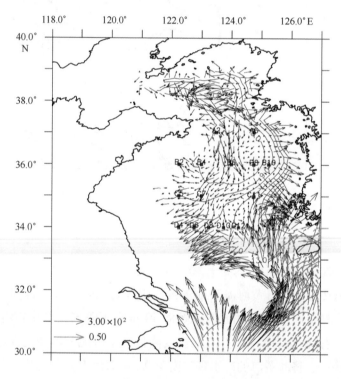

图3.15a　模拟得到的50 m层的流场(单位:m/s)

红线为温度场,蓝色方块表示图3.15b中释放底层漂浮物的观测站位

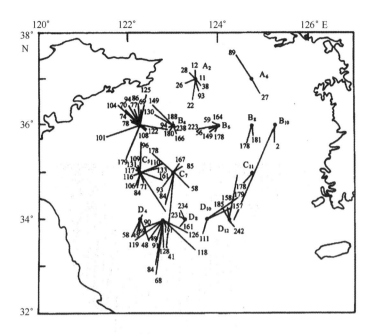

图 3.15b 夏季底层漂浮物的移动路径(汤毓祥等,2000)

移动路径的起始点(测站)用黑点表示,移动路径用直线表示,

漂移的天数标在了移动路径的末端

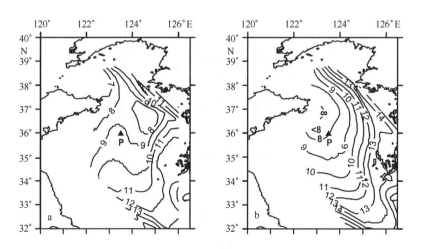

图 3.16 观测得到的黄海 50 m 层 7 月和 8 月的温度分布(单位:℃)

a. 7 月,b. 8 月;根据陈国珍等(1992):渤海、黄海、东海海洋图集(水文部分)重绘

3.5 夏季垂直环流的模拟结果

垂向环流是垂直断面内的流场结构,又因为垂直断面一般横穿温度锋面,又称为跨锋面(cross - front)环流。我们选取35°N(图3.17a)和37°N(图3.17b)断面的垂向环流结构进行分析。

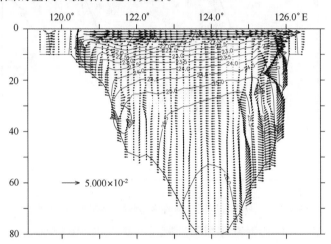

图 3.17a   模拟得到的 8 月 35°N 断面垂向环流结构 (u, w)(单位:m/s)

w 分量乘了 1 000,等值线为密度场

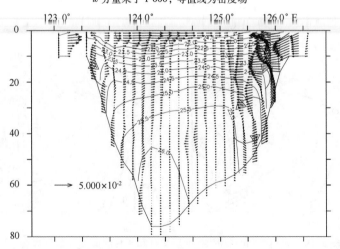

图 3.17b   模拟得到的 8 月 37°N 断面垂向环流结构 (u, w)(单位:m/s)

w 分量乘以了 1 000,等值线为密度场

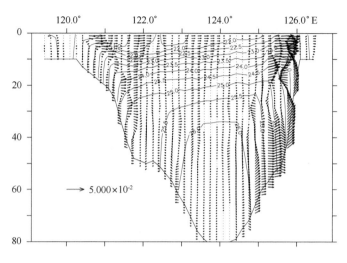

图 3.17c　在无风场强迫的情况下模拟得到的 8 月 35°N

断面垂向环流结构（u,w）（单位：m/s）

w 分量乘以了 1 000，等值线为密度场

3.5.1　35°N 断面

　　该断面 0 ~ 4 m 层为风引起的东向流动。靠近中国一侧和朝鲜半岛一侧的垂向环流不是对称的。在靠近朝鲜半岛一侧 125°E 和 126°E 之间形成了很强的温度锋面，在锋区内的底层（40 m 以下）存在东向流，在 50 m 层的水平环流（图 3.15a）中也可以看到。在锋区内沿着海底陆坡有很强的上升流，可达 5×10^{-5} m/s，该上升流甚至可以达到海面，是表层冷水和温跃层通风的原因之一。在锋面远离岸边一侧深度 10 ~ 30 m 之间存在下降流，以（125.2°E，30 m）为中心形成一个流环，这和 Lee 和 Beardsley（1999）较为类似。苏纪兰等（1995）等的结果为双环结构，上层流环弱而底层流环强。在他们的模式模式中采用了轴对称的地形并忽略了表层风场的作用。本研究中的模式采用真实地形并考虑了表层风场的作用，上层流场由于受到风场和岸界的影响较大，因此上层流环没有出现。靠近中国一侧，温度锋面出现在沿 120.5°—121.5°E 之间的陆坡深度为 1 ~ 40 m 区域。沿陆坡也存在上升流。但在锋区不存在一个明显的和靠近朝鲜半岛一侧锋区类似的流环。

3.5.2 北纬 37°N 断面

在靠近朝鲜半岛一侧 125.2 °E 和 126°E 之间形成了很强的温度锋面,和 35°N 断面类似,在锋区内有一个以(125.5°E, 38 m)为中心的流环,在 125 °—126°E 之间的上层(0~20 m)存在西向流动,这可能主要是由岸界引起的。由 10 m 层的水平环流(图 3.13a)可以看出,受到岸界的影响,靠近朝鲜半岛 37°E 附近的水平流场为西北向,故在垂向环流中体现为西向流动。靠近中国一侧,温度锋面出现在沿 122.5°—123.5°E 之间的陆坡区域。沿陆坡也存在上升流。

比较 35°E 和 37°E 断面的垂向环流结果,可以看出,不同断面的垂向环流结构有所不同。但两个断面垂向环流的共同点为:在靠近朝鲜半岛一侧的锋区的底部存在一个流环,在锋区沿海底陆坡为上升流,在锋区离岸一侧为下降流。在靠近中国一侧沿陆坡也存在上升流。

上升流的直接测量是很困难的,因此,表层冷水往往作为存在上升流的标志。比较模拟和实测得夏季表层温度(图 3.7a 和图 3.7b)可以看出由辽南沿岸—辽东半岛南端—渤海海峡东侧—山东半岛东端水域构成环北黄海周边的低温带,在朝鲜半岛西南外海、苏北浅滩外和长江堆孤立分布的表层冷水均得到较好的模拟,这说明模拟的上升流是可信的。

3.6 环流形成机制分析

我们对 36°N 断面的 x 方向的动量方程进行了诊断分析,计算表明总的压强梯度力 $\left(\dfrac{1}{\rho} \dfrac{\partial p}{\partial x} ,$ 海面高度梯度力项 $g \dfrac{\partial \eta}{\partial x}$ 和斜压梯度力 $\dfrac{1}{\rho} \dfrac{\partial}{\partial x} \int_z^\eta \rho g \mathrm{d}z$ 之和 $\right)$,科氏力项 $(-fV)$,和垂向摩擦项 $\left[-\dfrac{\partial}{\partial z} \left(K_m \dfrac{\partial U}{\partial z} \right) \right]$ 是起主导作用的项,其余各项比这三项要小 1~2 个量级。图 3.18 给出了这三项的分布,同时图 3.19 给出了沿 36°N 断面的密度、斜压梯度力 $\dfrac{1}{\rho} \dfrac{\partial}{\partial x} \int_z^\eta \rho g \mathrm{d}z$ 、海面高度和海面高度梯度力项 $g \dfrac{\partial \eta}{\partial x}$ 。所有的项都是在 2 个 M2 潮周期内平均后的结果。比较科氏力项(图 3.18b)和总的压强梯度力项(图 3.18a)可以看出除了在上

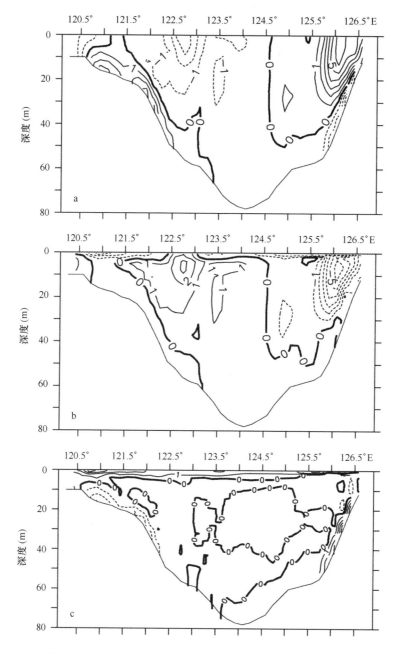

图 3.18　沿 36°N 断面的 x 方向的动量方程中起主导作用项的分布(单位:m/s^2)

等值线间隔 1×10^{-6} m/s^2

a. 总的压强梯度力 $\dfrac{1}{\rho}\dfrac{\partial p}{\partial x}$, b. 科氏力项($-fV$) , c. 垂向摩擦项 $-\dfrac{\partial}{\partial z}\left(K_m\dfrac{\partial U}{\partial z}\right)$

边界层、底边界层和近岸区域外,这两项基本是平衡的,这说明黄海上层气旋式还流基本上是满足地转平衡的。这与 Takahashi 和 Yanagi（1995）和 Xu 等（2002）的结果是一致的。在上边界层这三项都比较重要。在沿着海底陆坡的底边界层,垂向摩擦项变得比较重要,地转平衡不再成立;总的压强梯度力项主要由垂向摩擦项来平衡。

在上层气旋式还流的形成机制上,我们基本支持 Takahashi 和 Yanagi's（1995）的分析。从图 3.19b 可以看出由于潮汐引起的强的锋面,在靠近中国一侧的沿海底陆坡的底层区域斜压梯度力是正的,在靠近朝鲜半岛一侧为负的,也就是说在底层断面中间的压力比两侧要大,斜压梯度力的这种分布使底层的海水从中间向两侧辐散（图 3.15a）,相应地上层海水将向中间辐聚;又因为上层流近似满足地转平衡,在科氏力的作用下,在上层形成一个气旋式环流。随着地转调整,海盆中间的海面高度下降,四周的海面高度上升。在沿海底陆坡的底层区域,辐散的海水有顺时针旋转的趋势,但由于在底层垂向摩擦项变得比较重要,地转平衡不再成立;总的压强梯度力项主要由垂向摩擦项来平衡。这就解释了为什么在底层不存在一个海盆尺度的闭合的顺时针的环流。综上所述,黄海夏季环流的主要驱动力是由强的潮致锋温度面引起的斜压梯度力,上层气旋式环流是一个准地转的沿锋面环流。为了进一步证实这一观点,我们进行了一个敏感性实验。在这个敏感性实验中除了不加潮强迫,其他与标准实验相同。图 3.20 给出了沿 35°N 断面的夏季温度分布,图 3.21 给出了 10 m 的流场分布。同标准实验的结果相比,在不加潮强迫的情况下,底层的温度锋面没有形成,10 m 层的气旋式环流没有形成,流场受到台湾暖流的影响是一个反气旋式（顺时针）环流。从图 3.2c 可以看出,在均匀海水的情况下,潮余流以（34.8°N,125.5°E）为中心形成一个气旋式流环,其方向与总环流的方向相同。故潮余流对上层的气旋式环流也有加强的作用。

黄海底层的南向流可能主要由两个机制造成,一个是潮余流,Lee 和 Beardsley（1999）已经指出了这一点。另外一个是风场在表层引起的北向输运的补偿流。为了验证第二点,我们进行了一个敏感性实验。在这个敏感性实验中,我们首先运行模式到 7 月中旬,将黄海的 33°N 以北的区域（33°—40°N,119°—127°E）风场设为 0,其他与标准实验相同,然后继续运行模式到 8 月中旬。图 3.22 给出了该敏感性实验的沿 36°N 断面的北向速度

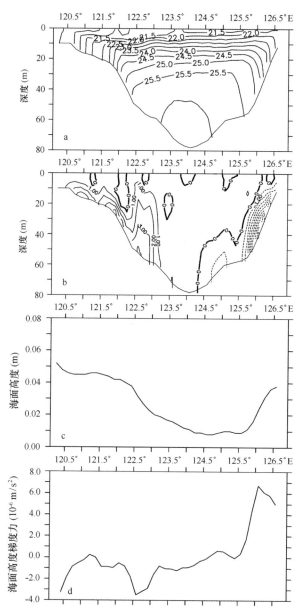

图 3.19 沿 36°N 断面的密度、斜压梯度力 $\dfrac{1}{\rho}\dfrac{\partial}{\partial x}\displaystyle\int_z^\eta \rho g \mathrm{d}z$、海面高度和

海面高度梯度力项 $g\dfrac{\partial \eta}{\partial x}$ 的分布

a. 密度(单位:kg/m³);b. 斜压梯度力(单位:m/s²),等值线间隔 1×10^{-6} m/s²;

c. 海面高度(单位:m);d. 海面高度梯度力(单位:10^{-6} m/s²)

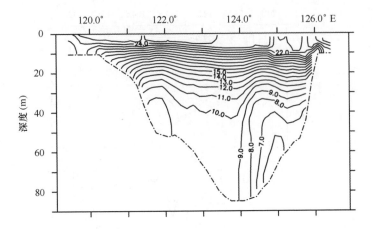

图 3.20 在无潮汐强迫的情况下模拟得到的 35°N 断面的温度分布(单位：℃)

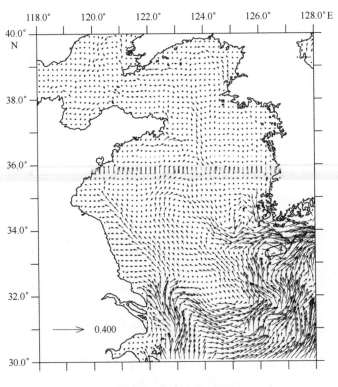

图 3.21 在无潮汐强迫的情况下模拟得到的
10 m 层的流场分布(单位：m/s)

分布,同标准的结果(图 3.11)相比,表层靠中国一侧由于风引起的北向输运消失了,同时底层的南向流也减弱了,这说明是风场在表层引起的北向输运是底层的南向流的生成机制之一。

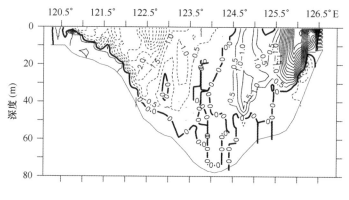

图 3.22　在无风场强迫的情况下模拟得到的沿 36°N
断面的北向速度(v)(单位:cm/s)

　　垂向环流中的上升流主要由两种机制引起的。一个是由温度锋面引起的斜压梯度力,另外一个是在沿岸海区由于风场 Ekman 输运引起的补偿上升流。在沿海底陆坡的底层区域斜压梯度力使底层的海水从中间向两侧辐散,当辐散流抵达侧边界时它将沿海底陆坡爬升,在靠近中国一侧和靠近朝鲜半岛一侧沿海底陆坡均存在这种机制引起的上升流。但在靠近中国一侧沿海底陆坡 0~25 m 的区域由风场 Ekman 输运引起的补偿上升流占主要地位。图 3.17c 给出了将黄海 33°N 以北的区域的风场设为 0 的实验得到的沿 35°N 断面的垂向环流。对比图 3.17c 和图 3.17a,可以看到在没有风实验中靠近中国一侧沿海底陆坡 0~25 m 的区域的上升流减弱,而 25~40 m 区域的上升流变化不大。这说明在靠近中国一侧沿海底陆坡 0~25 m 的区域由风场 Ekman 输运引起的补偿上升流占主要地位,而底层沿海底陆坡的上升流主要是由温度锋面引起的斜压梯度力引起的。

　　林葵等(2000)和汤毓祥等(2000)利用实测资料指出,在黄海中部上层可能存在一支北向流,在夏季上层除了存在一个海盆尺度的气旋式环流系统外,在其间还有可能存在一些旋转方向不同的小涡流。但我们的模式没有模拟出这些结构,主要原因是模式的水平分辨率较低,表面月平均的气候态的强迫太光滑所致。另外黄海底层的温度锋面的宽度约为 100 km(图 3.6 c),模式的水平分辨率为(1/6)°网格大小约为 15 km,对于再现跨锋面温度的急剧变化网格有些太稀。垂向的 16 个 σ 层对于模拟温跃层内垂向温度的变化也不太足够。因此,要进一步研究黄海的环流状况,需要采用更高的水平和垂直分辨率的数值模式并采用真实的表面强迫。

3.7 小节

本研究建立了一个基于 POM 和 MASNUM – WAM 海浪模式的浪 – 潮 – 流耦合模式并用来研究黄海夏季三维的环流结构。模拟得到的潮汐的调和常数和温度结构同实测结果符合较好,模拟的盐度分布趋势同实测也较为吻合。模拟的环流结构与实测结果相吻合。利用模拟结果并结合实测资料,我们认为黄海夏季的水平环流有一种三层结构。

①在表层(0 ~ 4 m),受风场的作用,主导流向为东北向。

②在上层(4 ~ 40 m)为一海盆尺度的气旋式环流,动量方程的诊断分析和敏感性实验表明,上层气旋式环流是一个准地转的沿潮致锋面的环流,潮余流对上层的气旋式环流也有加强的作用。流函数表明黄海的深度积分的净的环流为气旋式(逆时针),流量约为 0.1 Sv。

③在底层(40 m 以下)存在由黄海中心向近岸的辐散流动,该辐散流在黄海冷水团边缘的温度锋区流速较大。由温度锋面造成的斜压梯度力使底层的海水从中间向两侧辐散。同时在黄海中部存在一支弱的南向流。潮余流和风场在表层引起的北向输运的补偿流是形成该南向流的两个主要机制。

在垂向环流方面,不同断面的垂向环流结构有所不同。在靠近朝鲜半岛一侧的锋区底部存在一个流环,在锋区沿海底陆坡为上升流,在锋区离岸一侧为下降流。在靠近中国一侧沿陆坡也存在上升流。由温度锋面引起的斜压梯度力是引起锋区沿海底陆坡上升流的主要原因,但靠近中国一侧陆坡也存在由风场 Ekman 输运引起的补偿上升流。

4 结论和展望

4.1 本文主要结论

本文在袁业立和乔方利等提出的波浪运动混合的理论框架的基础上,基于 MASNUM(前身为 LAGFD – WAM)海浪波数谱数值模式和 POM 环流模式建立了 MASNUM 浪 – 流耦合模式。MASNUM 浪 – 流耦合模式在准全球大洋的模拟结果表明:

①由海浪模式得到的浪致混合 B_V 和由 M – Y 湍流模型得到垂向混合系数 K_H 相比,在夏季的中高纬度海区的上层,B_V 比 K_H 要大;这表明在引起表层海水混合的三种主要因素中,在层化较强且流动较弱的上层海洋中,海浪的搅拌作用可以超过由非稳定层化造成的自由浮力对流和流动的剪切不稳定性引起的混合作用的总合。在低纬度热带海区上层 B_V 小于 K_H。

②将浪 – 流耦合模式和采用 M – Y 湍流模型的原始 POM 模式模拟得到的夏季上层温度结构同 Levitus 资料比较表明:浪 – 流耦合模式的结果明显比原始 POM 的结果和 Levitus 资料相吻合,浪 – 流耦合模式模拟得到的夏季上混合层厚度比原始 POM 要深,和 Levitus 资料符合较好,在中高纬度海区尤为明显。这说明浪致混合在中高纬度海区夏季表层混合层的形成过程中起关键作用,对热带上层海洋的温度结构也有相当的作用。

本文在 MASNUM 浪 – 流耦合模式的基础上在边界引入潮流边界条件,建立了 MASNUM 浪 – 潮 – 流耦合模式,并利用该模式对黄海夏季的三维环流结构进行了模拟研究。该模式较为准确地模拟了该海区潮汐、温度和盐度结构,所得的流场结果与实测资料相吻合。利用模拟的流场结果并结合实测资料,本文提出了一个完整的夏季黄海三维环流结构。

①在表层(0 ~ 4 m),受风场的作用,主导流向为东北向。

②在上层(4 ~ 40 m)为一海盆尺度的气旋式环流,动量方程的诊断分析和敏感性实验表明,上层气旋式环流是一个准地转的沿潮致锋面的环流,潮

余流对上层的气旋式环流也有加强的作用。流函数表明黄海的深度积分的净的环流为气旋式(逆时针),流量约为 0.1 Sv。

③在底层(40 m 以下)存在由黄海中心向近岸的辐散流动,该辐散流在黄海冷水团边缘的温度锋区流速较大。由温度锋面造成的斜压梯度力使底层的海水从中间向两侧辐散。同时在黄海中部存在由一支弱的南向流。潮余流和风场在表层引起的北向输运的补偿流是形成该南向流的两个主要机制。

在垂向环流方面,不同断面的垂向环流结构有所不同。在靠近朝鲜半岛一侧的锋区的底部存在一个流环,在锋区沿海底陆坡为上升流,在锋区离岸一侧为下降流。在靠近中国一侧沿陆坡也存在上升流。由温度锋面引起的斜压梯度力是引起锋区沿海底陆坡上升流的主要原因,但靠近中国一侧沿陆坡也存在由风场 Ekman 输运引起的补偿上升流。

4.2 后续工作展望

在准全球大洋的模拟方面,由于本研究中仅有海浪和海流模式而没有大气模式,所采用的海表热通量分辨率较低造成模拟所得得海表温度存在一定得误差,下一步拟引入大气模式,建立起大气 – 海浪 – 环流耦合模式,进一步研究浪致混合对海气相互作用的影响。同时在浪 – 流耦合模式中引入短波辐射穿透和海浪破碎引起的混合作用,更进深入地研究上混合层的形成机制。

在中国近海模拟方面,本研究中模式的水平分辨率为(1/6)°网格大小约为 15 km,不能很好地分辨一些小尺度的环流现象,下一步拟提高模式的水平分辨率至(1/18)°×(1/18)°,并使用更加精确的高分辨率地形。同时采用逐年真实的海表强迫,研究中国近海环流的年际变化。

参 考 文 献

陈长胜. 2003. 海洋生态系统动力学与模型. 北京:高等教育出版社.

陈国珍等. 1992. 渤海、黄海、东海海洋图集(水文部分). 北京:海洋出版社.

陈则实. 1979. 黄海海流概况。海洋研究,(3):1-40.

方国洪等. 1979. 黄海的潮能消耗. 海洋与湖沼,10(3).

方国洪,魏泽勋等. 2002. 中国近海域际水、热、盐输运:全球变网格结果. 中国科学,
32(12). 969~977

冯士筰. 1992. 浅海环流物理及数值模拟.《物理海洋数值计算》(冯士筰,孙文心主编).
科学与工程计算丛书. 河南郑州:河南科技出版社. 543-610.

管秉贤. 1963. 黄海冷水团的水温变化以及环流特征的初步分析. 海洋与湖沼,5(4):
225-284.

郭炳火. 1993. 黄海物理海洋学的主要特征. 黄渤海海洋,11(3):7-18.

郭炳火等. 2004. 中国近海及邻近海域海洋环境. 北京:海洋出版社. 32-101.

赫崇本等. 1959. 黄海冷水团的形成及其性质的初步探讨. 海洋与湖沼,2(1):11-15.

乔方利,马建,夏长水,等. 2004. 波浪和潮流混合对黄东海夏季温度垂直结构的影响
研究. 自然科学进展,14(12):1434-1441.

苏纪兰,黄大吉. 1995. 黄海冷水团的环流结构. 海洋与湖沼增刊,26(5):1-7.

汤毓祥. 1990. 东海和南黄海潮余流的数值模拟,黑潮调查研究论文选(1). 33-34.

汤毓祥等. 2000. 南黄海环流的若干特征。海洋学报,20(1):1-16.

袁业立. 1979. 黄海冷水团环流. 海洋与湖沼,10(3):187-199.

袁业立等. 1992a. LAGFD-WAM 海浪数值模式Ⅰ. 基本物理模型. 海洋学报,14(5):
1-7.

袁业立等. 1992b, LAGFD-WAM 海浪数值模式Ⅱ. 区域性特征线嵌入格式及其应用.
海洋学报,14(6):12-24.

袁业立等. 1993. 黄海冷水团环流结构及生成机制研究Ⅰ. 0 阶解及冷水团的环流结构.
中国科学,23(1):93-103.

袁业立等. 1999. 近海环流数值模式的建立,部分Ⅰ. 海波的搅拌和波流相互作用. 水动
力学研究与进展(A辑),14(4B):1-8.

万振文,乔方利,袁业立. 1998. 渤、黄、东海三维潮波运动数值模拟. 海洋与湖沼,
29(6):611-616.

赵保仁. 1987a. 黄海潮生陆架锋的分布. 黄渤海海洋, 5(2):16-23.

赵保仁. 1987. 南黄海西部的陆架锋及冷水团锋区环流结构的初步研究. 海洋与湖沼,

18(3):217 –226.

朱建荣等. 2002. 黄海、东海夏季环流的数值模拟. 海洋学报,24(增刊):123 –132.

Beardsley R C, R Limeburner, K Kim and J Candela. 1992. Lagrangian flow observations in the East China, Yellow and Japan Seas, *La Mer*, 30, 297 –314.

Chen C and R C Beardsley. 1995. A numerical study of stratified tidal rectification over finite – amplitude banks, I, Symmetric banks, *J. Phys. Oceanogr.* , 25, 2090 –2110.

Chen C, R C Beardsley and R. Limeburner. 1995. A numerical study of stratified tidal rectification over finite – amplitude banks, II, Georges banks, *J. Phys. Oceanogr.* , 25, 2111 –2128.

Chen C, Q Xu, R C Beardsley and P J S Franks. 2003. Model study of the cross – frontal water exchange on Georges Bank: A three – dimensional Lagrangian experiment, *J. Geophys. Res.* , 108(C5), 3142, doi: 10. 1029/2000JC000390.

Craig P D and M L Banner. 1994. Modeling wave – enhanced turbulence in the ocean surface layer. *J. Phys. Oceanogr.* , 24, 2546 –2559.

da Silva A M, C C Young and S Levitus. 1994a. *Atlas of Surface Marine Data* 1994, *Volume 3, Anomalies of Heat and Momentum Fluxes*. NOAA Atlas NESDIS 8. U. S. Department of Commerce, NOAA, NESDIS, 411.

da Silva A M, C C Young and S Levitus. 1994b. *Atlas of Surface Marine Data* 1994, *Volume 4, Anomalies of Fresh Water Fluxes*. NOAA Atlas NESDIS 9. U. S. Department of Commerce, NOAA, NESDIS, 308 pp.

Ezer T. 2000. On the seasonal mixed layer simulated by a basin – scale ocean model and the Mellor – Yamada turbulence scheme. *J. Geophys. Res.* , 105(C7): 16843 –16855.

Ezer T and George L. Mellor. 1997. Simulation of the Atlantic Ocean with a free surface sigma coordinate ocean model [J], *J. Geophys. Res.* , 102, 15647 –15657.

Fang G. 1986. Tide and tidal charts for the marginal Seas adjacent to China, *Chin. J. oceanology and limnology* ,4(1), 337 –345.

Fang G, Y Wang, Z Wei, B H Choi, X Wang and J Wang. 2004 . Empirical cotidal charts of the Bohai, Yellow, and East China Seas from 10 years of TOPEX/Poseidon altimetry, *J. Geophys. Res.* , 109, C11006, doi:10. 1029/2004JC002484.

Feng Ming, Hu Dunxin and Li Yongxiang, 1992. A theoretical for the thermohaline circulation in the southern Yellow Sea. *Chin. J. Oceanol. Limnol* . , 10(4):289 –300.

Fujio S et al. 1992. World ocean circulation diagnostically derived from hydrographic and wind stress fields 1. The velocity field, *J. Geophys. Res.* , 97, 11163 –11176.

Fujio S et al. 1992. World ocean circulation diagnostically derived from hydrographic and wind stress fields 2. The water movement [J], *J. Geophys. Res.* , 97, 14439 –14452.

Gary E A Bennett and M Foreman. 1994. TOPEX/Poseidon tides estimated using a global inverse model, *J. Geophys. Res.* , 99, 24,821 – 24, 852.

GUO X et al. 2003. A triply nested ocean model for simulating the Kuroshio — Roles of Horizontal resolution and JEBAR [J], *J. Phys. Oceanogr.* , 33, 146 – 169.

Kagimoto T and T Yamagata. 1997. Seasonal transport variations of the Kuroshio: An OGCM simulation. [J], *J. Phys. Ocean.* ,27, 403 – 418.

Kantha L H and C A Clayson. 1994. An improved mixed layer model for geophysical applications. J. Geophys. Res. , 99: 25235 – 25266.

Lee S – H and R C Beardsley. 1999. Influence of stratification on residual tidal currents in the Yellow Sea, *J. Geophys. Res.* , 104, 15679 – 15701.

Lee H J, K T Jung, M G G Foreman and J Y Chung . 2000. A three dimensional mixed finite – difference Galerkin function model for the oceanic circulation in the Yellow Sea and East China Sea. *Cont. Shelf Res.* , 20, 863 – 895.

Lee H J, K T Jung, M G G Foreman and J Y Chung. 2002. A three dimensional mixed finite – difference Galerkin function model for the oceanic circulation in the Yellow Sea and East China Sea in the presence of M_2 tide. *Cont. Shelf Res.* , 22, 67 – 91.

Levitus S. 1982. *Climatological Atlas of the World Ocean.* NOAA Prof. Paper No. 13, U. S. Govt. Printing Office, 173 pp. plus 17 microfiche.

Lin K, Y Tang and B Guo. 2002. An analysis on observational surface and upper layer current in the Yellow Sea and the East China Sea, *J. Korea society of oceanography*, 37(3), 187 – 195.

Liu Guimei et al. 2003. Numerical study on the velocity structure around tidal fronts in the Yellow Sea. *Advances in atmospheric sciences*, 20(3): 453 – 460.

Martin P J. 1985. Simulation of the mixed layer at OWS November and Papa with several models. *J. Geophys. Res.* , 90, 581 – 597.

Mellor G L and T Yamada. 1982. Development of a turbulence closure model for geophysical fluid problems. *Rev. Geophys. and Space Phys.* , 20, 851 – 875.

Mellor G L, T Ezer and L Y Oey. 1994. On the pressure gradient conundrum of sigma – cordinate ocean models, *J. atmos. Oceanic Technol.* , 11, 1120 – 1129.

Mellor G L. 1992. User's guide for a three – dimensional, primitive equation, numerical ocean model. *Program in Atmospheric and Oceanic Sciences*, Princeton University, Princeton, NJ, 35[Available from Princeton University, Princeton, NJ 08544].

Mellor G. 2003. The three – dimensional current and wave equations. *J. Phys. Oceanogr.* , 33, 1978 – 1989.

Price J F, Weller R A, Pinkel R. 1986. Diurnal cycling: Observation and models of the upper ocean response to diurnal heating, cooling and wind mixing. *J Geophys Res.* , 91: 5411 –5427.

Qiao F, S Chen, C Li, W Zhao and Z Pan. The study of wind, wave, current extreme parameters and climatic characters of the South China Sea. 1999, *Journal of Marine Technology.*

Qiao F, J Ma, Y Yang and Y Yuan. 2004. Simulation of the Temperature and Salinity Along 36°N in the Yellow Sea with a Wave – Current Coupled Model, *J. Korea society of oceanography*, 39(1), 35 –45.

Qiao F, Y Yuan, Y Yang, Q Zheng, C Xia and J Ma. 2004. Wave induced mixing in the upper ocean: Distribution and application to a global ocean circulation model, *Geophys. Res. Lett.* , 31, L11303, doi:10. 1029/2004GL019824.

Takahashi S. and T Yanagi. 1995. A numerical study on the formation of circulations in the Yellow Sea during Summer, *La Mer*, 33, 135 – 147.

Xia C F Qiao, M Zhang, Y Yang and Y Yuan. 2004. Simulation of double cold cores of the 35°N section in the Yellow Sea with a wave – tide – circulation coupled model, *Chinese J. Oceanology and Limnology*, 22(3), 292 – 298.

Xia C, F Qiao, Q Zhang and Y Yuan. 2004. Numerical modelling of the quasi – global ocean circulation based on POM, *Journal of Hydrodynamics*, 16(5), 537 – 543.

Xu D, Y Yuan and Y Liu. 2002. The baroclinic circulation structure of Yellow Sea Cold Water Mass, *Science in China (series D)*, 46(2), 117 – 126.

Yanagi T and S Takahashi. 1993. Seasonal variation of the circulations in the East China Sea and the Yellow Sea, *J. Oceano.* ,49, 503 – 520.

Yu W, F Qiao, Y Yuan and Z Pan. 1997. Numerical modeling of wind and waves for Typhoon Betty (8710). *Acta Ocenologica Sinica*, 16(4), 459 – 473.

Wei Z, B – H Choi and G Fang. 2000. Water, heat and salt transports from diagnostic world ocean and north Pacific circulation models. *La Mer*,38(4), 211 – 218.

Wyrtki K and Koblinsky B. Mean. 1984. Water and current structure during the Hawaii to Tahiti shuttle experiment, [J], *J. Phys. Ocean.* , 14,242 – 254.